服装实用技术·应用提高

女装制板推板与工艺

张宏坤　编著

中国纺织出版社

内 容 提 要

本书介绍了从制板、推板到编制工艺单的女装制作过程。主要讲述女装制图名词术语，女装号型标准及基本尺寸设定，女装原型与基础省制作，衣领、衣袖、帽子、袋板制图，配里与放缝，通省女装、盲省女装、无省女装制图，推板、仿板与工艺单制作等内容。

本书实用性强，可作为服装企业技术人员、制板师、生产管理者、服装店裁缝师傅、服装专业师生及广大服装爱好者的参考阅读书籍，也可作为服装院校的专业教材。

图书在版编目（CIP）数据

女装制板推板与工艺 / 张宏坤编著 . -- 北京：中国纺织出版社，2021.11
（服装实用技术. 应用提高）
ISBN 978-7-5180-5883-9

Ⅰ.①女… Ⅱ.①张… Ⅲ.①女服 — 服装量裁 Ⅳ.① TS941.717

中国版本图书馆 CIP 数据核字（2019）第 004848 号

责任编辑：亢莹莹　　责任校对：王蕙莹　　责任印制：王艳丽

中国纺织出版社出版发行
地址：北京市朝阳区百子湾东里 A407 号楼　邮政编码：100124
销售电话：010—67004422　传真：010—87155801
http://www.c-textilep.com
中国纺织出版社天猫旗舰店
官方微博 http://weibo.com/2119887771
三河市宏盛印务有限公司印刷　各地新华书店经销
2021 年 11 月第 1 版第 1 次印刷
开本：787×1092　1/16　印张：14
字数：225 千字　定价：58.00 元

凡购本书，如有缺页、倒页、脱页，由本社图书营销中心调换

前言
Preface

　　笔者从事服装结构设计理论研究与实践应用已有40余年，曾在全国多家服装外贸、内销企业工作过，从事服装制板、技术培训、人员管理等工作。根据多年服装工业制板的实践经验，总结出一套服装快速制板的方法，现编写成书，以供大家参考。书中所有生产板型，都是多年制板理论结合实践研究而来。本书服装制板方法最大的特点是：学习简单、易上手，制板速度快，能为服装企业节省时间、降低成本。

　　随着我国纺织服装行业的发展，从无弹面料到有弹面料的不断创新，服装也从肥大宽松的款式逐步发展到合体包身的款式，这就需要我们在服装结构设计理论上根据面料的改变而不断地更新制板方法。

　　本书主要介绍了从制板、推板到编制工艺单的女装制作过程。主要讲述女装制图名词术语，女装号型标准及基本尺寸设定，女装原型与基础省制作，衣领、衣袖、帽子、袋板制图，配里与放缝，通省女装、盲省女装、无省女装制图，推板，仿板与工艺单制作等内容。

　　本书实用性强，可作为服装企业技术人员、制板师、生产管理者、服装店裁缝师傅、服装专业师生及广大服装爱好者的参考阅读书籍，也可作为服装院校的专业教材。希望广大服装专业人员及爱好者勤学多练，熟中生巧并做到举一反三，实现一次性制板，节省修板时间，提高效率，降低成本。

张宏坤

2021年1月

Contents

目 录

第三章　女装原型与基础省制作

第四章　衣领制图

第六章　帽子制图

第七章　袋板制图

第八章　配里与放缝

第九章　通省女装制图

第十章　盲省女装制图

第十一章　无省女装制图

第一章 女装制图基础知识

在学习女装制板之前，首先要了解女装各部位的名称、术语、制图符号、代号及服装制板所用的工具，这样在今后的学习中，才能够更好地理解服装结构设计、制板、制图等知识内容。

第一节　制图常用名词术语及符号

一、制图常用名词术语

在服装制板绘图过程中，经常会使用一些服装专业术语，由于我国南、北方的语言用词差异很大，同一个地区语言用词也有所不同，如上衣的前、后袖窿弧线，南方称为前窿门、后窿门，北方则称为前袖窿、后袖窿；在日本文化式服装裁剪资料上，又称AH（前袖窿弧线＋后袖窿弧线）。作为服装设计制图制板符号，最主要的作用是便于设计部门与生产车间的交流沟通，只有制订的工艺大家都能看明白、完全理解，才能使生产顺利进行。因此，为了让大家在学习过程中便于理解，把服装常用的专业术语列于表1–1中，以供大家学习参考。

表1–1　制图常用名词术语

名称	说　明
衣长（L）	指上衣前领宽与小肩的交点至底边的成品尺寸
胸围（B）	指上衣胸围一周的成品尺寸
腰围（W）	指腰围一周的成品尺寸
臀围（H）	指臀围一周的成品尺寸
肩宽（S）	指上衣两肩端点之间距离的成品尺寸（从后背量）

名称	说　明
领围（N）	指颈部一周的成品尺寸
领口宽	指前、后领口的宽度
领口深	指前、后领口的深度
腰节高	指前领宽与小肩的交点至腰部最细处的长度
下摆围	指下摆一周的成品尺寸
前胸宽	指前胸左、右前腋点过胸高点之间的水平距离
后背宽	指后背左、右后腋点过肩胛点之间的水平距离
落肩	指上平线至肩端点的斜度，一般女子肩线的斜度为21°
袖隆深	指肩端点至胸围线的垂直距离
袖隆弧线	指连接衣片与袖片的孔，又称袖孔、袖窟隆，在日本文化式服装裁剪资料中，称为AH（前袖隆弧线＋后袖隆弧线）
袖长（SL）	指肩端点至袖口的成品尺寸
袖山高	指肩端点至袖根的成品尺寸，又称袖山深
袖根肥	指袖子肥度的成品尺寸
袖口围	指袖口一周的成品尺寸
冲肩	指背宽线或胸宽线至肩端点之间的距离
下胸围	指乳根水平一周的成品尺寸，又称乳根围
搭门	指前身开襟处，门襟和里襟的重合量，又称叠门
撇胸	指领口搭门处需要撇净的量，又称撇势、撇止口或撇门
止口	指搭门、领子、口袋等边缘缝合之处
驳头	指门襟、里襟上部过面向外翻折的部位
过面	指搭门反面的一层布料，比搭门宽一点，又称贴边或挂面
过肩	指前、后衣片肩部断开后再缝合的部位，又称覆势、断剪或育克
侧缝	指前、后衣片（裤片）缝合的缝，又称摆缝、胁缝
省	指衣片上需折叠缝进的部位，又称省道、省缝、省位
褶	指在衣片上打的活褶，又称褶裥
起翘	指上衣下摆处底边向上翘起的部分
对位点	指在衣片或袖片上打对位记号所剪的U形缺口，又称刀眼
开刀	指剪开再缝合的部位，又称分割
腰省	指上衣腰部的省道，又称橄榄省
腋下省	指上衣侧缝腋下出胸的省道，又称胁下省

续表

名称	说　明
开衩	指上衣后中缝或侧缝开的活衩，又称开气
翻领	指衣服领子外侧的领身，又称大领
底领	指衣服翻领下面的底座，又称小领、领座
袖窿翘	指与胸围线平行，袖窿深线向上翘起的部分，又称抬山
乳距	指两乳高点之间的距离，又称乳宽
胸高	指前领宽与小肩的交点至胸高点的距离
前袖线	指两片袖的前缝合线，又称里袖线
后袖线	指两片袖的后缝合线，又称外袖线
偏袖线	指两片袖的前袖肥线
襻带	指服装上面的小襻，又称串带

二、制图代号与符号

制图符号是为了使制图便于识别与交流而制定的规范统一的制图标记，每一种都代表着约定俗成的意义，因此，了解这些符号对于读图与制图有着重要意义，见表1-2、表1-3。

表1-2　服装制图代号

名称	代号	名称	代号	名称	代号	名称	代号
衣长	L	袖长	SL	袖口	CW	肩端点	SP
胸围	B	领围	N	帽围	HS	腰围	W
肩宽	S	袖窿弧线	AH	胸高点	BP	臀围	H

表1-3　服装制图符号

名称	符号	使用说明
细实线	——————	表示制图的基础线，宽度为0.03cm左右
粗实线	——————	表示制图的轮廓线，宽度为0.05~0.1cm
等分线	⌒⌒⌒	表示某部位划分成若干距离相等的线段，虚线宽度与细实线相同
点划线	—　·—　·—	表示裁片连折不裁开的线条，线条宽度与细实线相同

续表

名称	符号	使用说明
双点划线	—··—··—	用于裁片的折转部位，使用时两端均应是长线，线条宽度与细实线相同
细虚线	··················	用于表示背面的轮廓线和部位的缉缝线，线条宽度与细实线相同
直角线	└	表示裁片中两条线90°垂直相交
距离线	⊢———⊣	表示裁片某部位起始点之间的距离，箭头指示到部位轮廓线
省道线	≺≷	表示裁片需收取省道的形状，一般用粗实线表示，裁片内部的省用细实线表示
褶位线	∫∫∫∫∫∫	表示裁片收褶的工艺要求，用缩缝符号或图中符号表示
裥位线	▨ ▨	表示裁片需要折叠进去的部分，斜线表示褶裥折叠的方向
塔克线	═══	表示裁片需缉塔克线的标志，图中实线表示塔克的凸起部分，虚线表示缉线线迹
净样线	∘⟍	表示裁片是净尺寸，不包括缝份的标记
毛样线	⟍⟍⟍	表示裁片尺寸包括缝份的标记
经向线	↑	表示服装材料布纹经向的标记，符号设置应与布纹经向平行
顺向线	↓	表示服装材料表面毛绒顺向的标记，箭头方向应与毛绒顺向相同
正面号	▢	用于指示服装材料正面一侧
反面号	⊠	用于指示服装材料反面一侧
对条	┼┼	表示相关裁片条纹应一致的标记，符号的纵横线应对于布纹
对花	⊠	表示相关裁片图案纹样对应的标记
对格	┼┼┼	表示相关裁片格纹应一致的标记，符号的纵横线应对于布纹
格料号	▦	表示面料的图案是方格或长方格的标记
斜料号	╳	表示裁剪排料时要用斜料，面料倾斜度如30°角、45°角、60°角等
竖条号	‖‖‖	表示面料图案是竖条的标记
拼合号	≺	表示相邻裁片需拼合的标记
省略号	⊃⊂	表示省略裁片某部位的标记，常用于长度较长而结构图中无法画出的部件
否定号	╳	用于指示图中制错的线条作废的标记
缩缝号	∿∿∿	表示裁片某部位需用缝线抽缩的标记
归拢号	⌒	表示符号部位用熨斗归拢，使衣料纤维组织缩短，三线是略归，四线是中归，五线是强归
拔伸号	⋀	表示符号部位用熨斗拔开，使衣料纤维组织伸长，三线是略拔，四线是中拔，五线是强拔

续表

名称	符号	使用说明
等量号	▲●○ △○	表示相邻裁片的尺寸大小相同，根据使用次数，可选用图示各种符号或增设其他符号
影示号	⌒⌒⌒	表示某部位的对称式样
罗纹号	))))))	表示衣服下摆边、袖口等部位装罗纹边或松紧带的标记
明线号	—————————	表示衣服某部位表面缉明线的标记，实线表示衣片某部位的轮廓线，虚线表示缉线线迹
剖面号	▨	表示部位结构剖面的标记
眼位	⊢——⊣	表示衣服扣眼位置的标记
纽位	⊗	表示衣服纽扣位置的标记
刀口线	⟨▭	表示裁片部位为缝制时需要对位的对刀标记，张口一侧在裁片轮廓线上
角度号	$a°$ ▷	表示制图所需的角度
重叠号	⟩⟨	表示相关裁片交叉重叠部位的标记
计算公式	$\leftarrow \frac{W}{4}+1 \rightarrow$	表示这一部位或线段尺寸的计算公式

第二节　服装制图工具与缝纫设备

一、服装制图工具

1. 尺子

（1）直尺：一般常用1m长或1.2m长的直尺，画较长的直线时使用。

（2）袖窿尺：主要用于画袖窿、袖山、领口等较短的弧线。

（3）三角板：主要使用三角板上的角度，用于画直角、45°角、30°角、60°角和找角度。

（4）弯尺：主要用于画一些较长的弧线，如上衣的侧缝线，裤子大腿处的里裆线、侧缝线等。

（5）卷尺：主要用于测量服装尺寸数据。

（6）放码尺：使用专业的打板、放码直尺进行样板的放码。

2. 纸

（1）牛皮纸：一般常用250～400g的纸。

（2）白卡纸：两面都是白色的，一面有光泽，另一面无光泽，一般常用250～500g的纸。

（3）白板纸：一面白色，另一面灰色，一般常用250～500g的纸。

3. 笔

用于画图的笔主要有铅笔、自动铅笔、圆珠笔、橡皮等。

4. 其他工具

（1）案板（制板操作台）：一般尺寸为1.8m×1.2m×0.8m。

（2）锥子：对于某一个点向下投影用。

（3）双面胶：用于拼接纸板。

（4）计算器：用于计算服装制板数据。

（5）订书机和订书钉：在拼接纸板时，起到固定纸板的作用和装订文件。

（6）起钉器：用于拆掉订书钉。

（7）笔记本：记录笔记。

（8）U型钳：用于打对位口。

（9）针式点线器：用于比较厚的纸板，向下投影弧线。

（10）打孔钳：用于纸板上打穿绳孔。

（11）壁纸刀：主要用于裁剪定位板。

（12）3mm冲子：主要用于打孔。

（13）胶板：主要用于打孔、扣板。

二、缝纫设备

（1）划粉：用于在布料上划线。

（2）剪刀：用于裁剪纸板、裁剪布料。

（3）人台：在服装缝纫过程中，人台用于成品样衣展示。

（4）胶带条：用于人台上的部位标识。

（5）大头针：在人台上固定布料用。

（6）小剪刀：用于剪线头。

（7）8寸剪刀：用于开袋。

（8）平缝机：用于缝制服装。

（9）锁边机：用于服装锁边。

（10）电熨斗：用于打样整烫。

（11）烫台：用于整烫服装。

第三节 女装制图部位与线条名称

服装制图各部位的点与线名称如图1-1~图1-3所示。

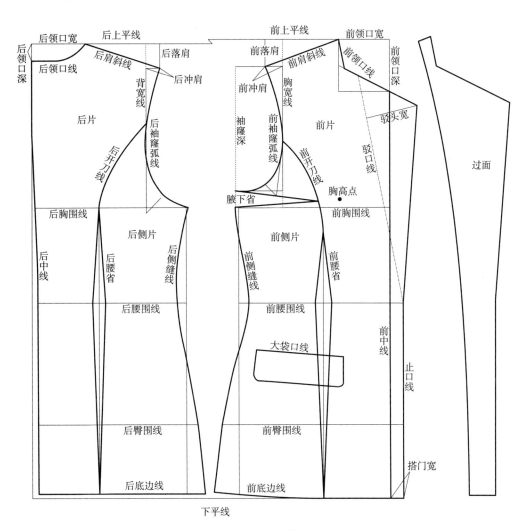

图1-1 女装制图点、线和部位名称

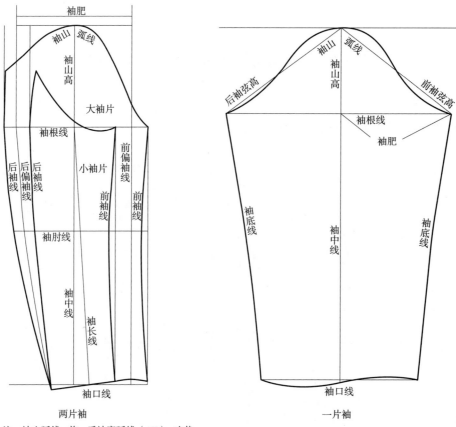

注：袖山弧线＝前、后袖窿弧线（AH）+吃势。

图1-2 袖子制图点、线和部位名称

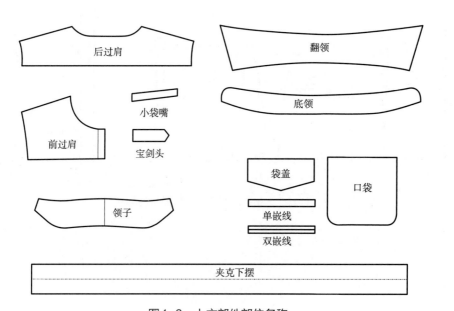

图1-3 上衣部件部位名称

第二章　女装号型标准及基本尺寸设定

第一节　GB/T 1335主要内容

GB/T 1335标准提供了以我国人体为依据的数据模型，这个数据模型采集了我国人体中与服装有密切关系的尺寸，基本上反映了我国人体的变化，具有广泛的代表性。

本标准适用的人体是指在数量上占我国人口的绝大多数，在体型特征上是人体各部位发育正常的体型。特别高大或矮小的，或是体型有缺陷的人，不包括在服装号型所指人体的范围内。

本标准是服装工业化、规模化和标准化生产的理论依据，为服装流通领域和消费者提供了可靠的科学依据。

本标准适用于制定成批生产的成年男子、成年女子和儿童服装规格，尽管各种服装款式（包括时装）的放松量各不相同，但是这些款式，这些放松量，都是针对特定的人体设计的。本标准提供的各种人体的数据模型是设计各种服装的依据，一旦确定了该款式的基本放松量之后，在组成系列的时候，就必须遵循本标准所规定的相关要求。只有这样，才是最科学、适应性最强的，才能达到有利于消费、有利于生产的目的。

GB/T 1335分为三个部分：

GB/T 1335.1《服装号型　男子》

GB/T 1335.2《服装号型　女子》

GB/T 1335.3《服装号型　儿童》

GB/T 1335.2—2008《服装号型　女子》标准所使用的人体测量部位的术语见表2-1。

表2-1　GB/T 1335.2—2008人体测量部位的术语

标准	测量部位术语									
GB/T 1335.2—2008	身高	颈椎点高	全臂长	腰围高	坐姿颈椎点高	颈围	胸围	腰围（最小腰围）	总肩宽	臀围

第二节　号型与控制部位数值

一、号型定义

身高、胸围和腰围是人体的基本部位，也是最有代表性的部位，用这些部位的尺寸来推算其他各部位的尺寸，误差最小，体型分类代号也最能反映人的体型特征。用这些部位及体型分类代号作为服装成品规格的标志，消费者易接受，也方便服装生产和经营。为此，新标准确定将身高命名为"号"，人体胸围和人体腰围及体型分类代号为"型"。

1. 号

"号"指人体的身高，以cm为单位表示，是设计服装长度的依据。人体身高与颈椎点高、坐姿颈椎点高、腰围高和全臂长等密切相关，它们随身高的增长而增长。

2. 型

"型"指人体的上体胸围或下体腰围，以cm为单位表示，是设计服装围度的依据。它们与臀围、颈围和总肩宽同样不可分割。

3. 体型分类

我国人体按4种体型分类，即Y、A、B、C型，它的依据是人体的胸腰落差，即净体胸围减去净体腰围的差数。根据差数的大小，来确定体型的分类。如某女子的胸腰落差为19~24cm，那么该女子属于Y体型；某女子的胸腰落差为4~8cm，那么该女子的体型就是C型，见表2-2。

表2-2　中国女子人体4种体型的分类　　　　　单位：cm

体型	Y	A	B	C
女子胸腰差	19~24	14~18	9~13	4~8

号与型分别统辖长度和围度方面的各部位，体型代号Y、A、B、C则控制体型特征，我们必须让生产者、消费者、经营者都了解服装号型的关键要素，即：身高、净胸围、净腰围和体型代号。

人群中，A、B体型较多，其次为Y体型，C体型较少，但具体到各个地区，其比例又有所不同，见表2-3。

表2-3　全国及分地区女子各体型所占的比例（%）

所占比例　体型　地区	Y	A	B	C	不属于所列4种体型
华北、东北	15.15	47.61	32.22	4.47	0.55
中西部	17.50	46.79	30.34	4.52	0.85
长江下游	16.23	39.96	33.18	8.78	1.85
长江中游	13.93	46.48	33.89	5.17	0.53
两广、福建	9.27	38.24	40.67	10.86	0.96
云、贵、川	15.75	43.41	33.12	6.66	1.06
全国	14.82	44.13	33.72	6.45	0.88

二、号型标志

GB 1335—1991《服装号型》国家标准规定，成品服装上必须标明号、型，号、型之间用斜线分开，后接体型分类代号。例如，160/84A，160表示身高为160cm，84表示净体胸围为84cm，体型代号A为胸腰落差（女子为14～18cm）。

号型标志也可以说是服装规格的代码。套装系列服装，上、下装必须分别有号型标志。

三、号型系列

把人体的号型进行有规则的分档排列即为号型系列，在标准中规定身高以5cm分档，胸围以4cm分档，腰围以4cm、2cm分档，组成5·4系列和5·2系列。上装采用5·4系列，下装采用5·4系列和5·2系列。例如，160/84A号型，它的净体胸围为84cm，由于是A体型，它的胸腰落差为14～18cm，而腰围尺寸应在84–18=66cm和84–14=70cm之间，若选用腰围分档数为2cm，那么可以选用66cm、68cm、70cm这3个尺寸。也就是说，在为上、下装配套时，可以根据84型在上述3个腰围尺寸中任选，见表2-4。

表2-4　成人号型系列分档范围和分档间距　　　　　　　　　　单位：cm

号　　型		尺寸	分档间距
身高		155～175	5
胸围	Y型	80～96	4
	A型	80～96	4
	B型	76～104	4
	C型	80～108	4

续表

号　型		尺寸	分档间距
腰围	Y型	58~76	2和4
	A型	62~82	2和4
	B型	66~92	2和4
	C型	72~102	2和4

四、号型应用

1. 号型对于个人的应用

对于每一个人来说都应知道自己穿衣的号型，首先需要了解自己属于哪一种体型，然后看身高和净体胸围（腰围）是否与号型设置一致。如果一致则可对号入座，如有差异则采用近距离靠拢法，具体数值见表2-5。

表2-5　近距离靠拢数据　　　　　　　　　　单位：cm

身高	162.5~163~167	167.5~168~172	172.5~173~177	177.5…
选用尺寸	165	170	175	180…
胸围	82~83~85	86~87~89	90~91~93	94…
选用尺寸	84	88	92	96…

考虑到服装造型和穿着习惯，对于个人体型矮胖或瘦高的人，也可选大一档的号或大一档的型。

2. 号型对于企业的应用

号型对于服装企业来说是进行服装设计的依据，在选择和应用号型系列时应注意以下几点：

（1）必须从标准规定的各系列中选用适合本地区的号型系列。

（2）无论选用哪个系列，必须考虑每个号型适应本地区的人口比例和市场需求的情况，相应安排生产数量。

（3）为了满足各部分人的穿着需要，标准中规定的号型不够用时，也可扩大号型设置范围，以满足少部分人的要求。扩大号型范围时，应按各系列所规定的分档数和系列数进行。

第三节　中间体

一、中间体设置

　　根据大量实测的人体数据，通过计算求出均值，即为中间体。它反映了我国女子成人各类体型的身高、胸围、腰围等部位的平均水平，具有一定的代表性。在设计服装规格时必须以中间体为中心，按一定分档数值，上下、左右推档组成规格系列。但中心号型是指在人体测量的总数中占有最大比例的体型，国家设置的中间号型是针对全国范围而言的。各个地区的情况会有差别，所以对中心号型的设置应该根据各地不同情况及产品的销售方向而定，不宜照搬，但规定的系列不能变。中间体的尺寸设置见表2-6。

表2-6　女子体型的中间体设置　　　　　　　　单位：cm

体　　型		Y	A	B	C
女子	身高	160	160	160	160
	胸围	84	84	88	88

二、中间体控制部位数值和各系列分档数值

　　女上装5·4、5·2系列中间体控制部位数值和各系列分档数值见表2-7。

表2-7　女上装5·4、5·2系列中间体控制部位数值和各系列分档数值　　　单位：cm

控制部位	中间体				分档值	
	Y	A	B	C	5·4系列	5·2系列
身高	160	160	160	160	5	5
颈椎点高	136	136	136	136.5	4	4
坐姿颈椎点高	62.5	62.5	63.0	63.5	2	2
全臂长	50.5	50.5	50.5	50.5	1.5	1.5
腰围高	98	98	98	98	3	3
胸围	84	84	88	88	4	2
颈围	33.4	33.6	34.6	34.8	0.8	0.4

控制部位	中间体				分档值			
	Y	A	B	C	5·4系列		5·2系列	
总肩宽	40	39.4	39.8	39.2	1			
腰围	64	68	78	82	4		2	
臀围	90	90	96	96	Y、A 体型3.6	B、C 体型3.2	Y、A 体型1.8	B、C 体型1.6

第四节　女装基本尺寸设定

一、女装胸围加放松量

女装胸围加放松量见表2-8。

表2-8　女装胸围加放松量参考表　　　　　　　　　单位：cm

加放量名称 ＼ 面料	紧身（高弹针织）	贴体（中弹针织）	合体（无弹）	较合体（无弹）	宽松（无弹）	较宽松（无弹）	备注
紧身衣	−12	−6	+6	+8	+10	+12	
马甲			+6	+8	+10		
连衣裙、旗袍	−4	−2	+6	+8	+10		
衬衣		+6	+8	+10	+12	+14	
西装			+8	+10	+12	+14	
中式罩衫			+8	+10			
夹克			+12	+14	+16	+18	
短大衣			+10	+12	+16	+18	
长大衣			+10	+12	+16	+18	
羽绒服			+10	+12	+14	+16	可根据充绒量调整

注：胸围加放基数为8cm，以后胸围每增加4cm，胸省减掉1cm，当增加到18cm时，2.5cm的基础胸省自然消失。

二、女装衣长、袖长尺寸的计算与测量

女装衣长、袖长尺寸的计算与测量见表2-9。

表2-9　女装衣长、袖长尺寸的计算与测量

部位／名称	占人体比例/% 衣长	衣长测量标准/cm	占人体比例/%			袖长测量标准/cm
			长袖	中袖	短袖	
紧身衣	40	虎口上2	32			腕凸下1
短马甲	25	至腰节				
马甲	40	虎口上2				
短连衣裙	55	大腿中段	33	20	10	腕凸下2.5、至肘、上臂的一半
中长连衣裙	75	踝骨上4	33			腕凸下2.5
长连衣裙	80	至踝骨	33			腕凸下2.5
短旗袍	62	大腿中段	32			腕凸下1
中长旗袍	75	踝骨上4	33	28	10	腕凸下2.5、腕凸上5、上臂的一半
长旗袍	80	至踝骨	33			腕凸下2.5
衬衣	40	虎口上2	34			腕凸下4.5
西装	42	虎口下1	34			腕凸下4
中式罩衫	42	虎口下1	34			腕凸下4
夹克	40	至虎口	34			腕凸下4
短大衣	45	大腿中段	35			腕凸下4.5
中长大衣	62	膝盖下2	35			腕凸下4.5
长大衣	68	膝盖下10	35			腕凸下4.5
短羽绒服	42	虎口下1	36			腕凸下7
中长羽绒服	64	膝盖下4	36			腕凸下7
长羽绒服	70	膝盖下10	36			腕凸下7
短裙	30	大腿中段				
中长裙	50	膝盖下10				
长裙	68	小腿中段				

第三章　女装原型与基础省制作

第一节　女装原型制图

一、尺寸设定

160/84A号型女子净尺寸见表3–1。

表3-1　人体净尺寸

单位：cm

160/84A	身高	颈椎点高	坐姿颈椎点高	全臂长	腰围高	胸围	颈围	总肩宽	腰围	臀围
尺寸	160	136	62.5	50.5	98	84	33.6	39.4	68	90

根据女子净尺寸，设定原型基本尺寸及主要部位比例分配尺寸见表3–2、表3–3。

（1）胸围（B）：84（人体胸围）+10=94cm。

（2）腰围（W）：A体胸腰差为14～18cm，设定为16cm，即94–16=78cm。

（3）肩宽（S）：人体总肩宽为39.4cm，一般设定为39cm。

（4）领围（N）：人体颈围为33.6cm（领围比颈围大2cm左右），一般加基础放量2～3.5cm，基础领围设定为37cm。

表3-2　原型基本尺寸

单位：cm

号/型	胸围（B）	腰围（W）	肩宽（S）	领围（N）
160/84A	94	78	39	37

表3-3　主要部位比例分配尺寸

单位：cm

序号	部位	比例公式	尺寸
		前片	
1	腰节高	号/4–1	39

续表

序号	部位	比例公式	尺寸
2	前领口宽	$0.2N-0.3$	7.1
3	前领口深	$0.2N$	7.4
4	前肩斜度	$19°$	
5	前肩宽	$0.5S-0.5$	19
6	前袖窿深	$0.2B-1$	17.8
7	前胸宽	$0.18B$	16.9
8	前胸围	$0.25B+0.5$	24
9	前腰围	$0.25W+0.5$	20
后片			
1	后领口宽	$0.2N$	7.4
2	后领口深	后领口宽/3	2.5
3	后肩斜度	$17.5°$	
4	后肩宽	$0.5S$	19.5
5	后背宽	$0.19B$	17.9
6	后胸围	$0.25B-0.5$	23
7	后腰围	$0.25W-0.5$	19

二、前片制图

（1）前上平线：作一条水平线，为前上平线。

（2）腰节高线：作一条距上平线39cm的平行线，为腰节高线。

（3）前中线：垂直连接上平线与腰节高线右端，为前中线。

（4）前领口宽线：从前中线上端向左7.1cm作前中线的平行线，为前领口宽线。

（5）前领口深线：从前领口宽线向下7.4cm作上平线的平行线，为前领口深线。

（6）前肩斜线：从前上平线与前领口宽线的交点，向左下方19°作斜线，为前肩斜线。

（7）前肩宽线：在前肩斜线上找一点（肩端点）距前中线$0.5S-0.5=19$cm作上平线的平行线，为前肩宽线。

（8）前袖窿深线：肩端点向下$0.2B-1=17.8$cm作前中线的平行线，为前袖窿深线。

（9）前胸宽线：从前中线向左$0.18B$，即16.9cm作前中线的竖平行线，为前胸窄线。

（10）前胸围线：从前中线向左$0.25B+0.5=24$cm作上平线的平行线，为前胸围线。

（11）胸高点：从上平线向下量取160（号）/6-3=23.7cm，从前中线向左$0.1B+1=10.4$cm，胸高与胸距的交点就是胸高点。

（12）基础省：胸围线距前中线$0.25B+0.5=24$cm点处和该点向上2.5cm点处分别与胸高点连接斜线，为基础省。

（13）前侧缝线：腰节高线距前中线0.25W+0.5=20cm的点与前胸围线左端点连接，为前侧缝线。

（14）前领口弧线、前袖窿弧线、前肩线画法如图3-1所示，画圆顺、平滑即可。

三、后片制图

（1）后上平线：前片上平行线向下0.5cm作水平线，为后上平线。

（2）后中线：后上平线与腰节高线连接成一条垂直线，为后中线。

（3）后领口宽线：从后中线与后上平线的交点向右0.2N=7.4cm作后中线的平行线，为后领口宽线。

（4）后领口深线：从后上平线向下量取7.4（后领口宽）/3=2.5cm作后上平线的平行线，为后领口深线。

（5）后肩斜线：从后上平线与后领口宽线的交点向下17.5°作斜线，为后肩斜线。

（6）后肩宽线：在后肩斜线上找一点（肩端点）距后中线19.5cm（0.5S）作后上平线的平行线，为后肩宽线。

（7）后背宽线：从后中线向右17.9cm（0.19B）作后中线的平行线，为后背宽线。

（8）后胸围线：从后中线向右0.25B-0.5=23cm作后上平线的平行线，为后胸围线。

（9）后侧缝线：腰节高线距后中线0.25W-0.5=19cm的点与后胸围线右端点连接，为后侧缝线。

（10）后领口弧线、后袖窿弧线、后肩线画法如图3-1所示，画圆顺、平滑即可。

注：后胸围线和腰节高线与前片共用。

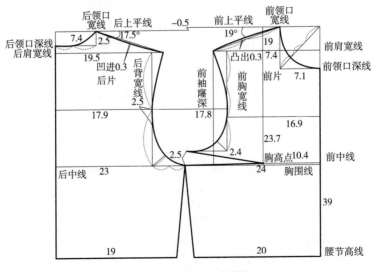

图3-1　女装原型制图

四、腰省的比例分配

　　女子160/84A人体胸围84cm，腰围68cm，84-68=16cm，也就是说衣身腰围处的一周要收进去16cm。因为制图是半个制图，即8cm腰省在腰节线上怎样分配。省道分配的是否合理，是决定女装板型的主要因素，如图3-2、图3-3所示。

　　1. 女子人体基础省道比例分配

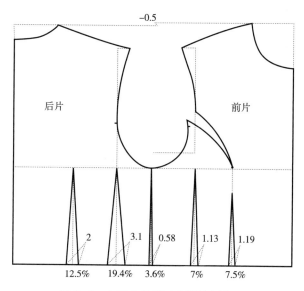

图3-2　女子人体基础省道比例分配

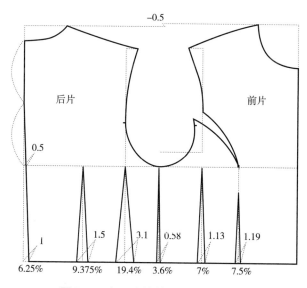

图3-3　女子人体基础省道比例分配

2. 女子人体实际省道比例分配

（1）按实际后中线与胸围线的交点垂直下来计算，女子人体实际省道比例分配如图3-4所示。

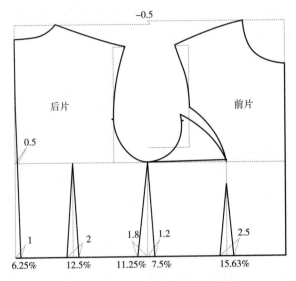

图3-4 女子人体实际省道比例分配

（2）按后领中线垂直下来计算（因为只有这样，胸围与袖窿宽才好计算），胸围与腰围的比例为101.6%，所以实际要收进去的量应该是8+0.5=8.5cm，如图3-5所示。

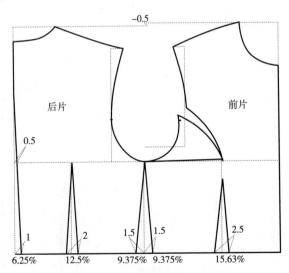

图3-5 女子人体实际省道比例分配

3. 女子上装Y、A体腰部基础省道分配比例

根据上述图纸分析，我们得到了A体省道的分配比例，Y体省道比例也可以计算出来，见表3-4。

表3-4　女子上装Y、A体腰部基础省道分配比例　　　　　　　　单位：cm

名称	后中缝省道	后省道	后侧缝省道	前侧缝省道	前省道	胸腰差
Y体	1.5	2.5	2	2	2.5	20/2+0.5=10.5
A体	1	2	1.5	1.5	2.5	16/2+0.5=8.5

五、腋下省与腰节差的变换关系

A体基础腋下省省道为2.5cm，腰节差为–0.5cm，如图3-6所示。

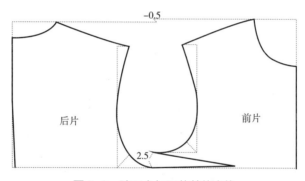

图3-6　腋下省与腰节差的变换

第二节　省道展开与转移

一、省道转移

（1）基础省道，如图3-7所示。

（2）当基础省合并以后，将省道转移至袖窿，就变成了袖窿省，如图3-8所示。

（3）当基础省合并以后，将省道转移至肩部，就变成了肩省，如图3-9所示。

（4）当基础省合并以后，将省道转移至领口，就变成了领省，如图3-10所示。

（5）当基础省合并以后，将省道转移至腋下，就变成了腋下省，如图3-11所示。

（6）当基础省合并以后，将省道转移至腰部，就变成了腰省，如图3-12所示。

以胸高点为中心，根据服装设计要求，360°随意转省，胸高的凸出量不会变，这种做法比较简单、快速。

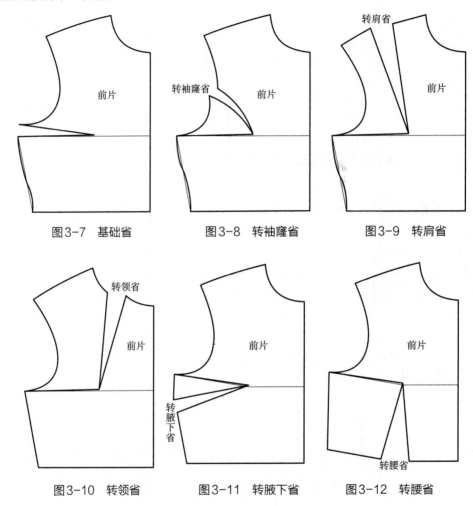

图3-7　基础省　　　　　　　图3-8　转袖窿省　　　　　　图3-9　转肩省

图3-10　转领省　　　　　　图3-11　转腋下省　　　　　　图3-12　转腰省

二、后肩吃势展开

（1）后肩若无省，要将后肩加0.2cm吃势量。在后肩线的二分之一处设定一个省道，省道开至后领中线与后袖窿对位点连接线的二分之一处，如图3-13所示。

（2）将省道线展开0.2cm作为后肩线的吃势量，如图3-14所示。

（3）重新连接后肩线，使其成为稍有些向内凹的弧线，如图3-15所示。

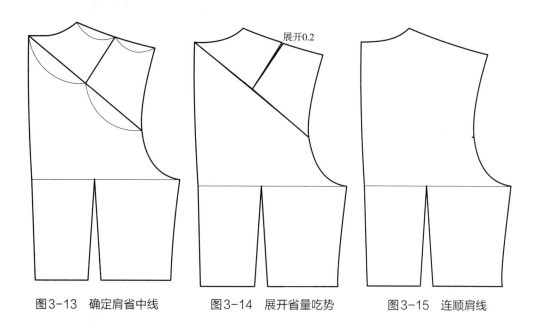

图3-13　确定肩省中线　　　图3-14　展开省量吃势　　　图3-15　连顺肩线

三、后肩省道转移（可制作后过肩）

（1）在后肩线上展开一个1.2cm的基础省，如图3-16所示。

（2）将基础省合并，转移至后中线，就变成了后中线省，如图3-17所示。

（3）将过肩下方边缘线延长至后袖窿线，再将后中线省合并，就变成了后袖窿省，把省道留在后衣片上，然后与后衣片分离，即为后过肩，如图3-18所示。

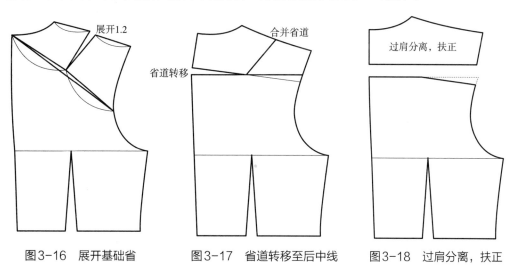

图3-16　展开基础省　　　图3-17　省道转移至后中线　　　图3-18　过肩分离，扶正

第四章　衣领制图

第一节　立领制图

一、学生服小立领（图4-1）

女装立领基础绘图方法与步骤：

（1）先做一个长方形，宽为3cm，长为△＋○（前领口弧线长＋后领口弧线长）。

（2）将长方形的右边3cm分成两等分，取中点用斜线连接长方形左下点，再用斜线连接右中点下长边的中点（约6°左右），然后做弧线为领底线。

（3）以领底线右面向上90°做3cm线。

（4）在右边3cm的上点做弧线连接左面3cm上点为领口线。

（5）从右面领头顺领底线量○的尺寸做一个定位点（将来与肩缝对位）。

注：这是二分之一领，以领中线为中心做镜像就可以得到完整衣领（右面为领头，左面为领中线）。

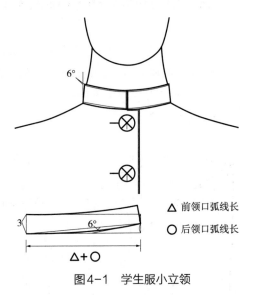

△ 前领口弧线长
○ 后领口弧线长

图4-1　学生服小立领

二、中式立领（图4-2）

女装中式立领基础绘图方法与步骤：

（1）先做一个长方形，宽为4.5cm，长为△＋○。

（2）将右面4.5cm分成两等分，取中点用斜线连接长方形左下点，再用斜线连接下长边的中点（约9°左右），然后做弧线为领底线。

（3）以领底线为基础在右面向上90°做4.5cm垂线。

（4）在右边4.5cm的上点做弧线连接左面4.5cm上点为领口线。

（5）从右面领头顺领底线量○的尺寸做一个定位点（将来与肩缝对位）。

注：这是二分之一领，以领中线为中心做镜像就可以得到完整衣领（右面为领头，左面为领中线）。

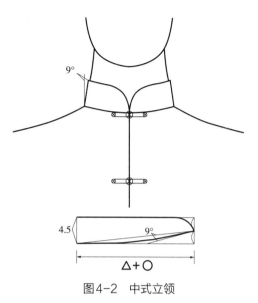

图4-2　中式立领

三、连搭门立领（图4-3）

女装连搭门立领基础绘图方法与步骤：

（1）先做一个长方形，宽为4cm，长为△+○+2cm。

（2）将右面4cm分成两等分，取中点用斜线连接长方形左下点，再用斜线连接下长边的中点（约7°左右），然后做弧线为领底线。

（3）以领底线为基础在右面向上90°做4cm垂线。

（4）在右边4cm的上点做弧线连接左面4cm上点为领口线。

（5）从右面领头顺领底线量○的尺寸做一个定位点（将来与肩缝对位）。

注：这是二分之一领，以领中线为中心做镜像就可以得到完整衣领（右面为领头，左面为领中线）。

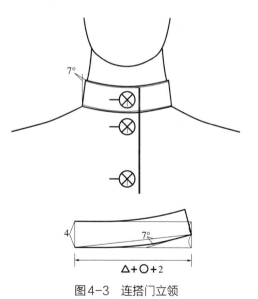

图4-3　连搭门立领

四、连搭门直立领（图4-4）

女装连搭门直立领基础绘图方法与步骤：

（1）先做一个长方形，宽为4.5cm，长为△+○+2cm。

（2）从领中线顺领底线量△的尺寸做一个定位点（将来与肩缝对位）。

注：这是二分之一领，以领中线为中心做镜像就可以得到完整衣领（右面为领头，左面为领中线）。

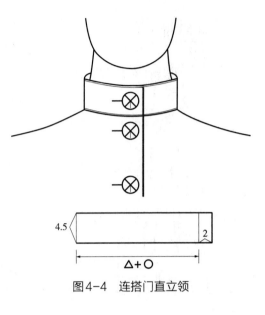

图4-4　连搭门直立领

五、衬衫立领

衬衫立领一般分为单立领和翻立领，本款为翻立领，翻领与领底的领宽比例，见表4-1。

表4-1　领宽比例参考表　　　　　　　　　　　　　　单位：cm

领底宽（小领宽）	翻领宽（大领宽）	领宽差	领角度	领尖造型
3	4.2	1.2	5°	效果随意
3.1	4.3	1.2	5°	效果随意
3.2	4.4	1.2	5°	效果随意
3.3	4.5	1.2	5°	效果随意

因为翻领在外围，尺寸要比领底大一个面料厚，领底修正后，翻领比领底正好大一点面料厚（一般薄面料够用，厚面料翻领需要再多加一点）。领底的形状与角度尽量不要变化太大，否则前门会搭不上、不圆顺。本款领底宽设定为3cm，前领头宽2.5cm，如图4-5所示。

六、凤仙领

凤仙领为反角度领型，上部像花盆一样，所以又称花盆领。领子的角度大小与领宽高度可以根据款式设计的需求而定，如图4-6所示。

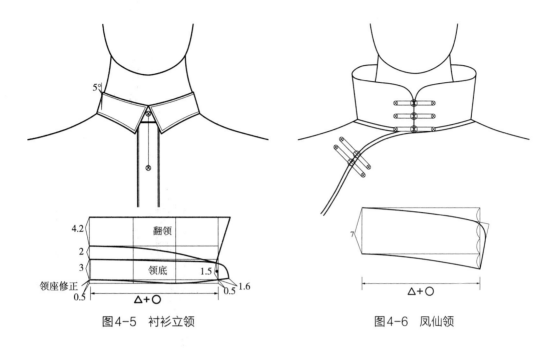

图4-5　衬衫立领　　　　　　　　　　图4-6　凤仙领

第二节　翻领制图

　　翻领角度是根据领型尺寸，通过实践而得出的，为了实际应用时更加方便，把常用的各种翻领角度列成表（表4-2），以供大家查用。使用时，可以根据领底与翻领宽查此表，如领底宽3cm，翻领宽4cm，查表得出翻领角度为12°。

表4-2　翻领角度表　　　　　　　　　　单位：cm

角度　　　　　领底宽　　翻领宽	1	2	3	4	5
2	27°				
3	34°	16°			
4	37°	27°	12°		
5	40°	31°	21°	10°	

角度 翻领宽 ＼ 领底宽	1	2	3	4	5
6	40°	34°	26°	16°	9°
7	40°	36°	30°	23°	14°
8	40°	37°	32°	26°	19°
9	41°	38°	34°	30°	24°
10	41°	39°	37°	31°	27°
11	41°	39°	37°	33°	28°
12	41°	40°	37°	34°	30°
13	41°	40°	38°	36°	33°
14	41°	40°	38°	36°	33°
15	41°	40°	39°	37°	34°
16	41°	40°	39°	37°	35°

一、窄驳头西装领

（1）翻领的领底在肩线处的宽度要比后中处宽度窄0.5cm，例如，领底后中宽度为3cm，肩线与上平线交点顺肩线向下0.5~1cm确定领底线，再从此点顺肩线向上1.5cm确定翻驳线，然后连接驳头止点。

（2）将翻驳线向上延长后，做肩线与上平线交点的平行线。以此平行线为基础做16°的角度线。

（3）将领宽线的二分之一处与肩线0.5cm点做一条等长线，然后做后领8.8cm领底弧线。

（4）以8.8cm弧线为基础，做90°后领中线5cm，接着再做一条90°辅助线。领子外轮廓线与造型可以根据设计师的要求而定，如图4-7所示。

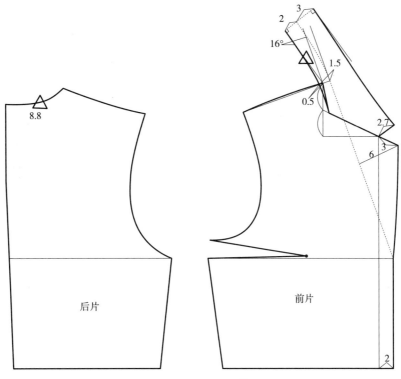

图4-7　窄驳头西装领

二、圆角翻领（图4-8）

圆角翻领板型制作的基础绘图方法与步骤：

（1）翻领的领底，肩线宽度要比后中宽度窄0.5cm，例如，领底后中宽度为3cm，肩线与上平线交点顺前肩斜角度向下0.5~1cm确定领底线，再从此点顺肩斜角度向上2.5cm确定翻驳线，然后连接止口线驳头点。

（2）将驳头线向上延长，向左做1.5cm平行线，以这个平行线为基础向左做12°斜线。

（3）在领窝深三分之一向右1cm处起点，由左向上做弧线与前领窝等长，再向上沿着12°斜线做弧线与△等长。

（4）以△线上端点为基础点做垂线，长7cm（领底3cm+翻领4cm）为后领中线。

（5）后领中线3cm处为起点用弧线连接肩线2.5cm点为后翻领线。

（6）前串口角度与尺寸可以根据服装款式而定。

（7）将串口上点用弧线连接后领中线为领口线。领外口线与造型可以根据设计师的要求而定或自己随心所欲的设计。

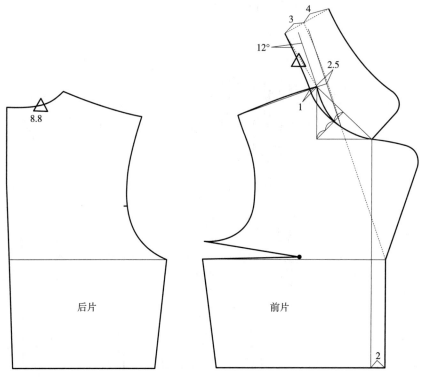

图4-8　圆角翻领

三、低串口窄驳头西装领（图4-9）

低串口窄驳头西装翻领基础绘图方法与步骤：

（1）翻领的领底，肩线宽度要比后中宽度窄0.5cm，例如，领底后中宽度为3cm，肩线与上平线交点顺前肩斜角度向下0.5～1cm确定领底线，再从此点顺肩斜角度向上2.5cm确定翻驳线，然后连接止口线驳头点。

（2）将驳头线向上延长，向左做1.5cm平行线，以这个平行线为基础向左做16.5°斜线。

（3）在领窝深四分之一向右2cm处起点，由左向上做弧线与前领窝等长，再向上沿着16.5°斜线做弧线与△等长。

（4）以△线上端点为基础点做垂线，长7.5cm（领底3cm+翻领4.5cm）为后领中线。

（5）后领中线3cm处为起点用弧线连接肩线2.5cm点为后翻领线。

（6）前串口角度与尺寸可以根据服装款式而定。

（7）将串口上点用弧线连接后领中线为领口线。领外口线与造型可以根据设计师的要求而定或自己随心所欲的设计。

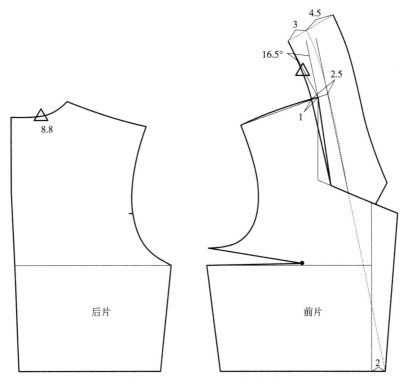

图4-9 低串口窄驳头西装领

四、双排扣长驳头翻领（图4-10）

女装双排扣长驳头翻领基础绘图方法与步骤：

（1）翻领的领底，肩线宽度要比后中宽度窄0.5cm，例如，领底后中宽度为3cm，肩线与上平线交点顺前肩斜角度向下0.5~1cm确定领底线，再从此点顺肩斜角度向上2.5cm确定翻驳线，然后连接止口线驳头点。

（2）将驳头线向上延长，向左做1.5cm平行线，以这个平行线为基础向左做21°斜线。

（3）在领窝深三分之一向右1cm处起点，由左向上做弧线与前领窝等长，再向上沿着21°斜线做弧线与△等长。

（4）以△线上端点为基础点做垂线，长8cm（领底3cm+翻领5cm）为后领中线。

（5）后领中线3cm处为起点用弧线连接肩线2.5cm点为后翻领线。

（6）前串口角度与尺寸可以根据服装款式而定。

（7）将串口上点用弧线连接后领中线为领口线。领外口线与造型可以根据设计师的要求而定或自己随心所欲的设计。

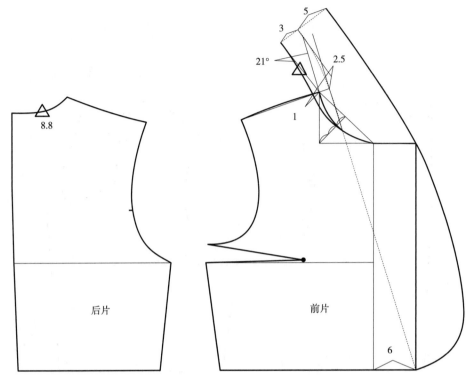

图4-10 双排扣长驳头翻领

五、宽松翻驳领（图4-11）

女装宽松翻驳领基础绘图方法与步骤：

（1）翻领的领底，肩线宽度要比后中宽度窄0.5cm，例如，领底后中宽度为3cm，肩线与上平线交点顺前肩斜角度向下0.5~1cm确定领底线，再从此点顺肩斜角度向上2.5cm确定翻驳线，然后连接止口线驳头点。

（2）将驳头线向上延长，向左做1.5cm平行线，以这个平行线为基础向左做26°斜线。

（3）在领窝深二分之一向右1cm处起点，由左向上做弧线与前领窝等长，再向上沿着26°斜线做弧线与△等长。

（4）以△线上端点为基础点做垂线，长9cm（领底3cm+翻领6cm）为后领中线。

（5）后领中线3cm处为起点用弧线连接肩线2.5cm点为后翻领线。

（6）前串口角度与尺寸可以根据服装款式而定。

（7）将串口上点用弧线连接后领中线为领口线。领外口线与造型可以根据设计师的要求而定或自己随心所欲的设计。

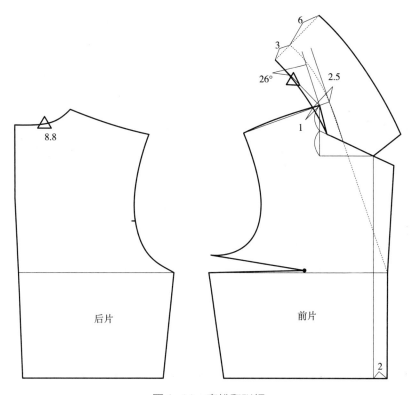

图4-11 宽松翻驳领

六、高领底翻领（图4-12）

女装高领底翻领基础绘图方法与步骤：

（1）翻领的领底，肩线宽度要比后中宽度窄0.5cm，例如，领底后中宽度为3cm，肩线与上平线交点顺前肩斜角度向下0.5~1cm确定领底线，再从此点顺肩斜角度向上2.5cm确定翻驳线，然后连接止口线驳头点。

（2）将驳头线向上延长，向左做1.5cm平行线，以这个平行线为基础向左做30°斜线。

（3）在领窝深三分之一向右1cm处起点，由左向上做弧线与前领窝等长，再向上沿着30°斜线做弧线与△等长。

（4）以△线上端点为基础点做垂线，长10cm（领底3cm+翻领7cm）为后领中线。

（5）后领中线3cm处为起点用弧线连接肩线2.5cm点为后翻领线。

（6）前串口角度与尺寸可以根据服装款式而定。

（7）将串口上点用弧线连接后领中线为领口线。领外口线与造型可以根据设计师的要求而定或自己随心所欲的设计。

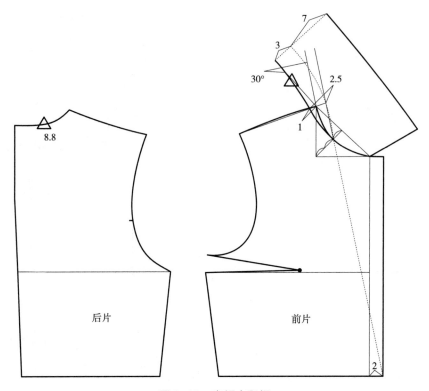

图4-12　高领底翻领

七、分领底翻领（图4-13）

女装分领底翻领基础绘图方法与步骤：

（1）翻领的领底，肩线宽度要比后中宽度窄0.5cm，例如，领底后中宽度为4cm，肩线与上平线交点顺前肩斜角度向下0.5～1cm确定领底线，再从此点顺肩斜角度向上3.5cm确定翻驳线，然后连接止口线驳头点。

（2）将驳头线向上延长，向左做2.5cm平行线，以这个平行线为基础向左做16°斜线。

（3）在领窝深驳头线处向左2.5cm，再向下1.2cm向上做弧线与前领窝等长，再向上沿着16°斜线做弧线与△等长。

（4）以△线上端点为基础点做垂线，长10cm（领底4cm+翻领6cm）为后领中线。

（5）后领中线4cm处为起点用弧线连接肩线3.5cm点为后翻领线。

（6）前串口角度与尺寸可以根据服装款式而定。

（7）将串口上点用弧线连接后领中线为领口线。领外口线与造型可以根据设计师的要求而定或自己随心所欲的设计。

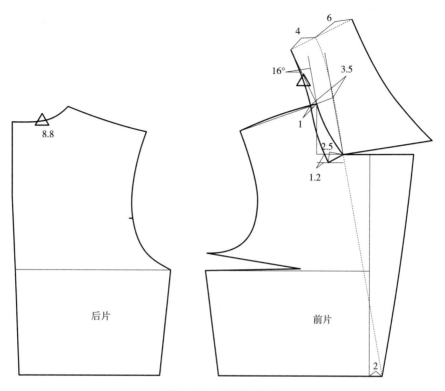

图4-13　分领底翻领

八、高领底宽蟹钳翻领（图4-14）

女装高领底宽蟹钳翻领基础绘图方法与步骤：

（1）翻领的领底，肩线宽度要比后中宽度窄0.5cm，例如，领底后中宽度为4cm，肩线与上平线交点顺前肩斜角度向下0.5~1cm确定领底线，再从此点顺肩斜角度向上3.5cm确定翻驳线，然后连接止口线驳头点。

（2）将驳头线向上延长，向左做1.5cm平行线，以这个平行线为基础向左做26°斜线。

（3）在领窝深三分之一向右1cm处起点，由左向上做弧线与前领窝等长，再向上沿着26°斜线做弧线与△等长。

（4）以△线上端点为基础点做垂线，长12cm（领底4cm+翻领8cm）为后领中线。

（5）后领中线4cm处为起点用弧线连接肩线3.5cm点为后翻领线。

（6）前串口角度与尺寸可以根据服装款式而定。

（7）将串口上点用弧线连接后领中线为领口线。领外口线与造型可以根据设计师的要求而定或自己随心所欲的设计。

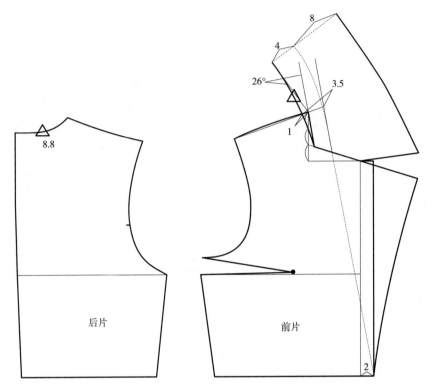

图4-14　高领底宽蟹钳翻领

九、高领底圆翻领（图4-15）

女装高领底圆翻领基础绘图方法与步骤：

（1）翻领的领底，肩线宽度要比后中宽度窄0.5cm，例如，领底后中宽度为5cm，肩线与上平线交点顺前肩斜角度向下0.5～1cm确定领底线，再从此点顺肩斜角度向上4.5cm确定翻驳线，然后连接止口线驳头点。

（2）将驳头线向上延长，向左做3.5cm平行线，以这个平行线为基础向左做27°斜线。

（3）在领窝深三分之一向右1cm处起点，由左向上做弧线与前领窝等长，再向上沿着27°斜线做弧线与△等长。

（4）以△线上端点为基础点做垂线，长11cm（领底5cm+翻领6cm）为后领中线。

（5）后领中线5cm处为起点用弧线连接肩线4.5cm点为后翻领线。

（6）前串口角度与尺寸可以根据服装款式而定。

（7）将串口上点用弧线连接后领中线为领口线。领外口线与造型可以根据设计师的要求而定或自己随心所欲的设计。

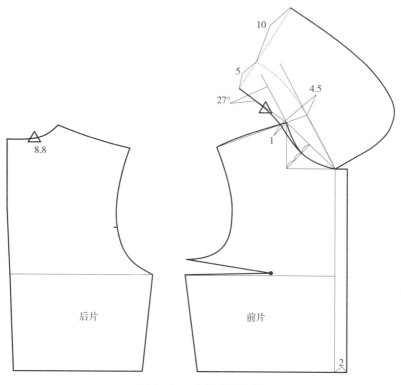

图4-15 高领底圆翻领

十、宽翻领（图4-16）

女装宽翻领基础绘图方法与步骤：

（1）翻领的领底，肩线宽度要比后中宽度窄0.5cm，例如，领底后中宽度为1cm，肩线与上平线交点顺前肩斜角度向下0.5～1cm确定领底线，再从此点顺肩斜角度向上0.5cm确定翻驳线，然后连接止口线驳头点。

（2）将驳头线向上延长，向左做1.5cm平行线，以这个平行线为基础向左做41°斜线。

（3）在领窝深三分之一向右1cm处起点，由左向上做弧线与前领窝等长，再向上沿着41°斜线做弧线与△等长。

（4）以△线上端点为基础点做垂线，长16cm（领底1cm+翻领15cm）为后领中线。

（5）后领中线1cm处为起点用弧线连接肩线0.5cm点为后翻领线。

（6）前串口角度与尺寸可以根据服装款式而定。

（7）将串口上点用弧线连接后领中线为领口线。领外口线与造型可以根据设计师的要求而定或自己随心所欲的设计。

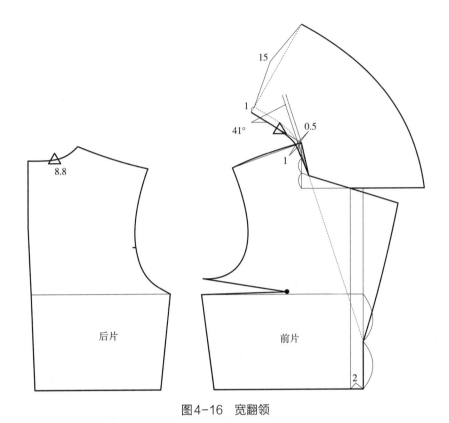

图4-16 宽翻领

十一、低领底宽青果领（图4-17）

女装低领底宽青果领基础绘图方法与步骤：

（1）翻领的领底，肩线宽度要比后中宽度窄0.5cm，例如，领底后中宽度为2cm，肩线与上平线交点顺前肩斜角度向下0.5~1cm确定领底线，再从此点顺肩斜角度向上1.5cm确定翻驳线，然后连接止口线驳头点。

（2）将驳头线向上延长，向左做1.5cm平行线，以这个平行线为基础向左做40°斜线。

（3）在领窝深三分之一向右1cm处起点，由左向上做弧线与前领窝等长，再向上沿着40°斜线做弧线与△等长。

（4）以△线上端点为基础点做垂线，长15cm（领底2cm+翻领13cm）为后领中线。

（5）后领中线2cm处为起点用弧线连接肩线1.5cm点为后翻领线。

（6）前串口角度与尺寸可以根据服装款式而定。

（7）将串口上点用弧线连接后领中线为领口线。领外口线与造型可以根据设计师的要求而定或自己随心所欲的设计。注：5.5cm后领尖，不在领子角度计算之内。

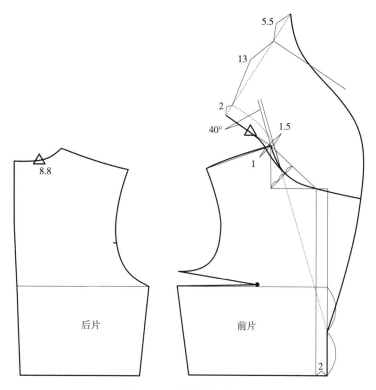

图4-17 低领底宽青果领

十二、宽驳头披肩翻领（图4-18）

女装宽驳头披肩翻领基础绘图方法与步骤：

（1）翻领的领底，肩线宽度要比后中宽度窄0.5cm，例如，领底后中宽度为3cm，肩线与上平线交点顺前肩斜角度向下0.5～1cm确定领底线，再从此点顺肩斜角度向上2.5cm确定翻驳线，然后连接止口线驳头点。

（2）将驳头线向上延长，向左做1.5cm平行线，以这个平行线为基础向左做39°斜线。

（3）在领窝深三分之一向右1cm处起点，由左向上做弧线与前领窝等长，再向上沿着39°斜线做弧线与△等长。

（4）以△线上端点为基础点做垂线，长19cm（领底3cm+翻领16cm）为后领中线。

（5）后领中线3cm处为起点用弧线连接肩线2.5cm点为后翻领线。

（6）前串口角度与尺寸可以根据服装款式而定。

（7）将串口上点用弧线连接后领中线为领口线。领外口线与造型可以根据设计师的要求而定或自己随心所欲的设计。

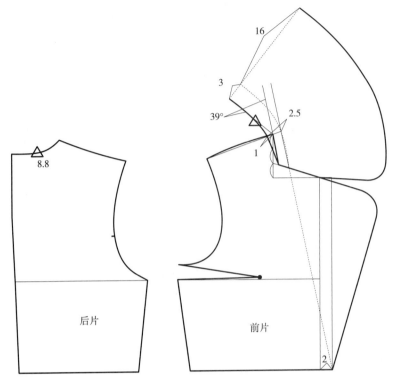

图4-18　宽驳头披肩翻领

十三、趴领（平翻领）

趴领给人们的印象是领子趴在肩膀上，视觉上没有领底的感觉，实际上，衣身与领子缝合后，领面、领里和衬布加在一起会有一定的厚度，这就形成了0.5～1cm的领底，所以要有一定的过度量，这已经是无领底翻领的最低过度量了。

趴领是最低过度领底（又称无领底），其制板原理为：圆周率值为 $\pi \approx 3.14$，服装使用值为 $3.14 \times 2 = 6.28$（空隙度），按照翻领10cm宽计算，前、后小肩线10cm重合点的重合量为 $6.28/2 = 3.14$，3.14约等于18.5°，肩缝点领底抬高0.5cm，对角度影响不大，不必考虑。在实际制图中将前、后衣片小肩线重合18.5°就可以了，翻领的宽度随意设计。

（1）制作一张基础原型图衣片有省无省都可以，与配领无关，如图4-19所示。

（2）将前、后衣片小肩线拼接后，以小肩线与领口线交点为中心，将一个衣片旋转与另一个衣片重合，使前、后小肩线重合18.5°（此时，领口线缩短了3.14cm），如图4-20所示。

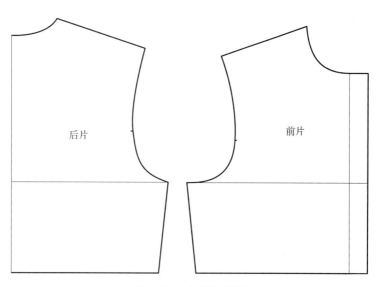

图4-19 基础原型图

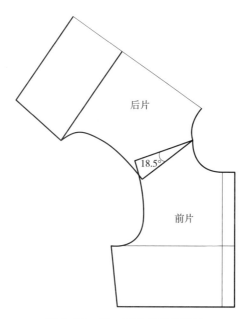

图4-20 前、后衣片肩线拼接

（3）后领底提起1cm，小肩线延长0.5cm，绘制出前、后领，剪口向前移位至与后领弧线相等为止，前领弧线也要延长至相等。领宽尺寸及造型随意设计。实际后领宽为11cm，领底宽1cm+领面宽10cm。实际侧领宽10.5cm，领底宽0.5cm+领面宽10cm。只要保证前、后衣片小肩线重合18.5°，领宽随意设计。

（4）肩缝处领底抬高0.5cm，相当于落肩下落+2°，后中领底抬高1cm，按+4°计算，小肩长10cm，每下落1°即0.175cm。前肩2°+后肩2°+后中4°=8°，8×0.175=1.4cm，装领后，向后移位1cm，肩缝抬高0.5cm，领宽缩回0.17cm+0.085cm（后中多抬起0.255cm），0.255×3.14=0.8cm。1.4+1+0.8=3.2cm，3.2−3.14=0.06cm，比较吻合，如图4-21所示。

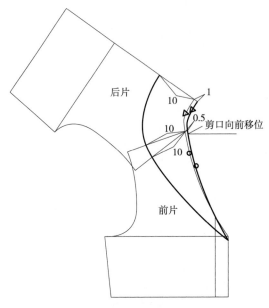

图4-21　趴领制图

第五章　衣袖制图

第一节　一片袖制图

在服装设计生产过程中，没有十分合体的服装，因为十分合体的服装没有活动量，人体无法进行自由活动。空气不流通，夏季不凉，冬季不温，所以在服装设计之前就已经留出了一部分余量，服装与人体的距离，称为空隙度。

（1）九分合体服装，AH大于人体臂围的10%。

（2）八分合体服装，AH大于人体臂围的20%。

（3）七分合体服装，AH大于人体臂围的30%。

一、衣身AH与胸围的比例关系

（1）AH=胸围的48%（92×48%=44.16cm），袖窿距=48%AH，占胸围13%（贴体）。

（2）AH=胸围的50%（92×50%=46cm），袖窿距=50%AH，占胸围14%（合体）。

（3）AH=胸围的52%（92×52%=47.84cm），袖窿距=52%AH，占胸围15%（较合体）。

袖窿距宜窄不宜宽，袖肥宜大不宜小。

袖肥=袖窿距×1.2，偏小。

袖肥=袖窿距×1.3，适中。

袖肥=袖窿距×（1.35~1.4），偏大。

（4）后袖窿弧长大于前袖窿弧长1~1.5cm，穿着时袖子会比较平衡。

（5）后领深=$0.027B$，前胸宽=$0.18B$，后背宽=$0.19B$，袖窿宽为$0.13B$~$0.145B$。

二、一片袖基础数据

一片袖基础数据参考见表5-1。

表5-1　一片袖基础数据参考表　　　　　　　　　　　　　　单位：cm

AH占胸围比例（%）	袖窿距与胸围比（%）	袖型名称	袖肥公式	袖山高公式
48	13	贴体袖	$2/10B-（2.5～3）$	$1/2AH×0.7$
	14	合体袖	$2/10B-（1.5～2）$	$1/2AH×0.65$
	15	较合体袖	$2/10B-（0.5～1）$	$1/2AH×0.6$
	16	较宽松袖	$2/10B-（0～0.5）$	$1/2AH×0.55$
		宽松袖	$2/10B-（1～1.5）$	$1/2AH×0.5$
50	13	贴体袖	$2/10B-（2～2.5）$	$1/2AH×0.7$
	14	合体袖	$2/10B-（1～1.5）$	$1/2AH×0.65$
	15	较合体袖	$2/10B-（0～0.5）$	$1/2AH×0.6$
	16	较宽松袖	$2/10B-（0.5～1）$	$1/2AH×0.55$
		宽松袖	$2/10B-（1.5～2）$	$1/2AH×0.5$
52	13	贴体袖	$2/10B-（1.5～2）$	$1/2AH×0.7$
	14	合体袖	$2/10B-（0.5～1）$	$1/2AH×0.65$
	15	较合体袖	$2/10B-（0～0.5）$	$1/2AH×0.6$
	16	较宽松袖	$2/10B-（1～1.5）$	$1/2AH×0.55$
		宽松袖	$2/10B-（2～2.5）$	$1/2AH×0.5$

已知AH数据，可以推算出袖型。即当AH占胸围48%时，可选择贴体以下的袖型；当AH占胸围52%时，可选择较合体以下的袖型。

三、袖型、袖肥、袖山高与袖山吃势参考数据

袖型、袖肥、袖山高与袖山吃势的参考数据，见表5-2。

表5-2　袖型、袖肥、袖山高与袖山吃势参考表　　　　　　　　　单位：cm

袖山高	插肩袖角度	前袖山	后袖山	吃势	袖型	袖肥
$1/2AH×0.5=11.1$	20°～30°	AH+0.5	AH+1	2.5	宽松型	20
$1/2AH×0.55=12.2$	30°～35°	AH+0.5	AH+1	2.6	较宽松型	19.26
$1/2AH×0.6=13.3$	35°～40°	AH+0.5	AH+1	2.7	较合体型	18.5
$1/2AH×0.65=14.4$	40°～45°	AH+0.5	AH+1	2.7	合体型	17.7
$1/2AH×0.7=15.5$	45°～60°	AH+0.5	AH+1	2.8	贴体型	16.8

（1）AH：92（胸围）×48%=44.2cm，前AH：21.7cm，后AH：22.5cm。

（2）袖肥：16.8~20cm，吃势2.5~2.8cm。

（3）内袖余量0.5~1cm，减小前袖袖肥。

（4）袖头宽度（袖头成品宽度为0.1B=9.2cm）由款式而定，计算长度为：2/10B+搭门2cm，即18.4cm+2cm=20.4cm。

四、袖山与袖型、吃势与AH比例参考数据

袖山与袖型、吃势与AH比例的参考数据，见表5-3。

表5-3 袖山与袖型、吃势与AH比例参考表　　　　　　　　单位：cm

袖型名称	1/2袖山公式	前袖山公式	后袖山公式	袖山吃势量占袖窿（AH）的比例	备注
翘肩袖	1/2AH+1	前AH+1	后AH+2	10%AH	适合松结构面料
厚料圆肩袖	1/2AH+0.5	前AH+0.7	后AH+1.5	8%AH	凡袖山高，吃势量大；袖山浅，吃势量有所减小
一般圆装袖	1/2AH	前AH+0.5	后AH+1	5%AH	
薄料圆装袖	1/2AH−0.5	前AH+0.3	后AH+0.5	3%AH	适合平装袖
倒装袖	1/2AH−1.5	前AH−0.8	后AH−0.2	1%AH	适合倒装袖

以上数据仅供大家参考，在实际制图过程中，袖山高与袖肥是千变万化的，要根据企业的需要而定（一般来说是根据市场的需求和效果设计师的设计而定），需灵活掌握。

五、面料性能与袖子的吃势参考数据

面料性能与袖子的吃势参考数据，见表5-4。

表5-4 面料性能与袖子的吃势关系　　　　　　　　单位：cm

名称	高弹面料	无弹薄化纤面料	羽绒服	真皮裘皮	无弹化纤纯棉上衣	无弹外衣（扣袖）	无弹外衣（小屋檐袖）	无弹外衣（大屋檐袖）	四面弹金丝绒
一片袖吃势	0	0~0.5	0.5~1.5	1~1.5	1.5~2				0.5~1
两片袖吃势	0	0.5~1	1~1.8	1.5~2	1.5~2	2.2~2.5	2.5~3	2.5~3	1~1.5
插肩袖吃势	0	0.5	0.5	0.5	0.5	0.5	0.5	0.5	

（1）在分配吃势时，后袖山弧线比前袖山弧线的吃势多0.1~0.3cm，袖窿两个下圆弧

自然吃势0.25+0.25=0.5cm。

（2）一片袖制图的吃势一般在0.5~3cm。

（3）一片袖前弧线比弦高直线大1cm，后弧线比弦高直线大0.5cm左右。例如：正扣袖（身压袖）吃势为2cm，反扣袖（袖压身）吃势为1cm。一片袖的袖山高每增减1cm，袖山弧线增减0.8cm。

（4）袖肥为28（人体臂围净尺寸）+4（放松量）=32cm，32/2=16cm，或28+6=34cm，34/2=17cm，也就是说"女子160/84A成品上衣臂围尺寸（袖肥）最低不能小于16~17cm"。

（5）袖口宽=0.142B，袖山高=0.135B，袖山底线宽（袖肥）=0.19B。

六、一片袖的制图

（1）袖山高为11.1cm，吃势为2.5cm，如图5-1所示。

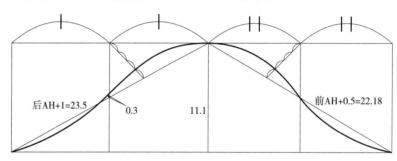

测量袖肥：39.92/2≈20

图5-1　11.1cm袖山高的袖山形状

（2）袖山高为12.2cm，吃势为2.6cm，如图5-2所示。

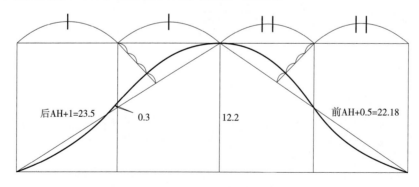

测量袖肥：38.52/2=19.26

图5-2　12.2cm袖山高的袖山形状

（3）袖山高为13.3cm，吃势为2.7cm，如图5-3所示。

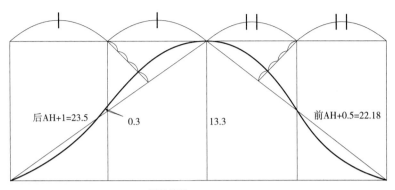

测量袖肥：37.12/2≈18.5

图5-3　13.3cm袖山高的袖山形状

（4）袖山高为14.4cm，吃势为2.7cm，如图5-4所示。

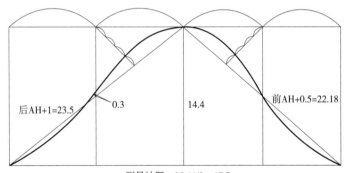

测量袖肥：35.44/2≈17.7

图5-4　14.4cm袖山高的袖山形状

（5）袖山高为15.5cm，吃势为2.8cm，如图5-5所示。

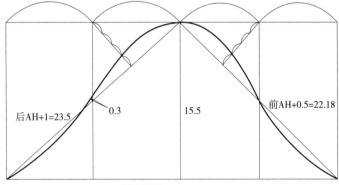

测量袖肥：33.53/2≈16.8

图5-5　15.5cm袖山高的袖山形状

七、一片圆装袖制图

（1）袖山高为46.42×0.25=11.61cm（宽松型），吃势为1.5cm，如图5-6所示。

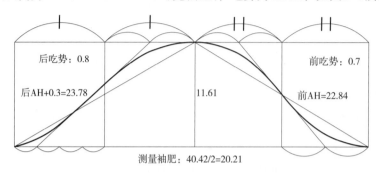

图5-6　11.61cm袖山高的袖山形状

（2）袖山高为46.42×0.275=12.77cm（较宽松型），吃势为1.7cm，如图5-7所示。

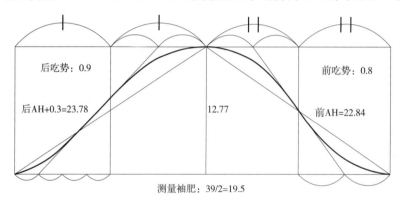

图5-7　12.77cm袖山高的袖山形状

（3）袖山高为46.42×0.3=13.93cm（较合体型），吃势为1.5cm，如图5-8所示。

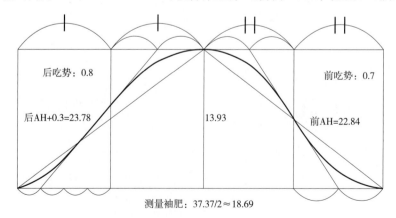

图5-8　13.93cm袖山高的袖山形状

（4）袖山高为46.42×0.325=15.1cm（合体型），吃势为2.5cm，如图5-9所示。

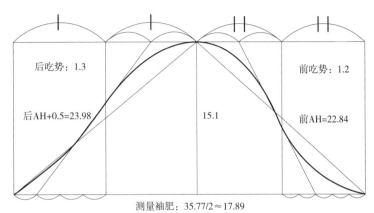

图5-9　15.1cm袖山高的袖山形状

（5）袖山高为46.42×0.35=16.25cm（贴体型），吃势为2.5cm，如图5-10所示。

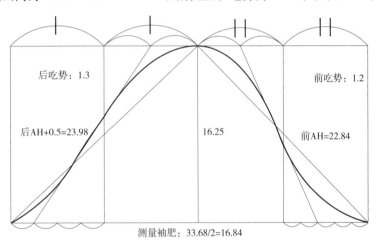

图5-10　16.25cm袖山高的袖山形状

八、一片袖的三种变化

胸围为90cm，袖山高：43.62（AH）×0.325≈14.2cm。前袖窿弧长为21.8cm，后袖窿弧长为21.82cm，吃势为1.5cm。三种袖型的袖山高、袖山弧线长度完全相同，只是袖子的袖身形状在变化，图5-11所示为无省一片袖，因为后袖山需要下落1.2cm，数据调整后，袖肥相应减小，袖肥、袖肘部位比较合体。图5-12所示为袖肘省一片袖，因为后袖山需要下落0.7cm，数据调整后，袖肥相应减小，袖肥、袖肘部位比较宽松。图5-13所示为袖口省一片袖，袖肥、袖肘部位宽松。相比之下，三种袖型均具备一片袖的特征，又有两片袖的特征，但三种袖型结构又各有不同，供大家参考。

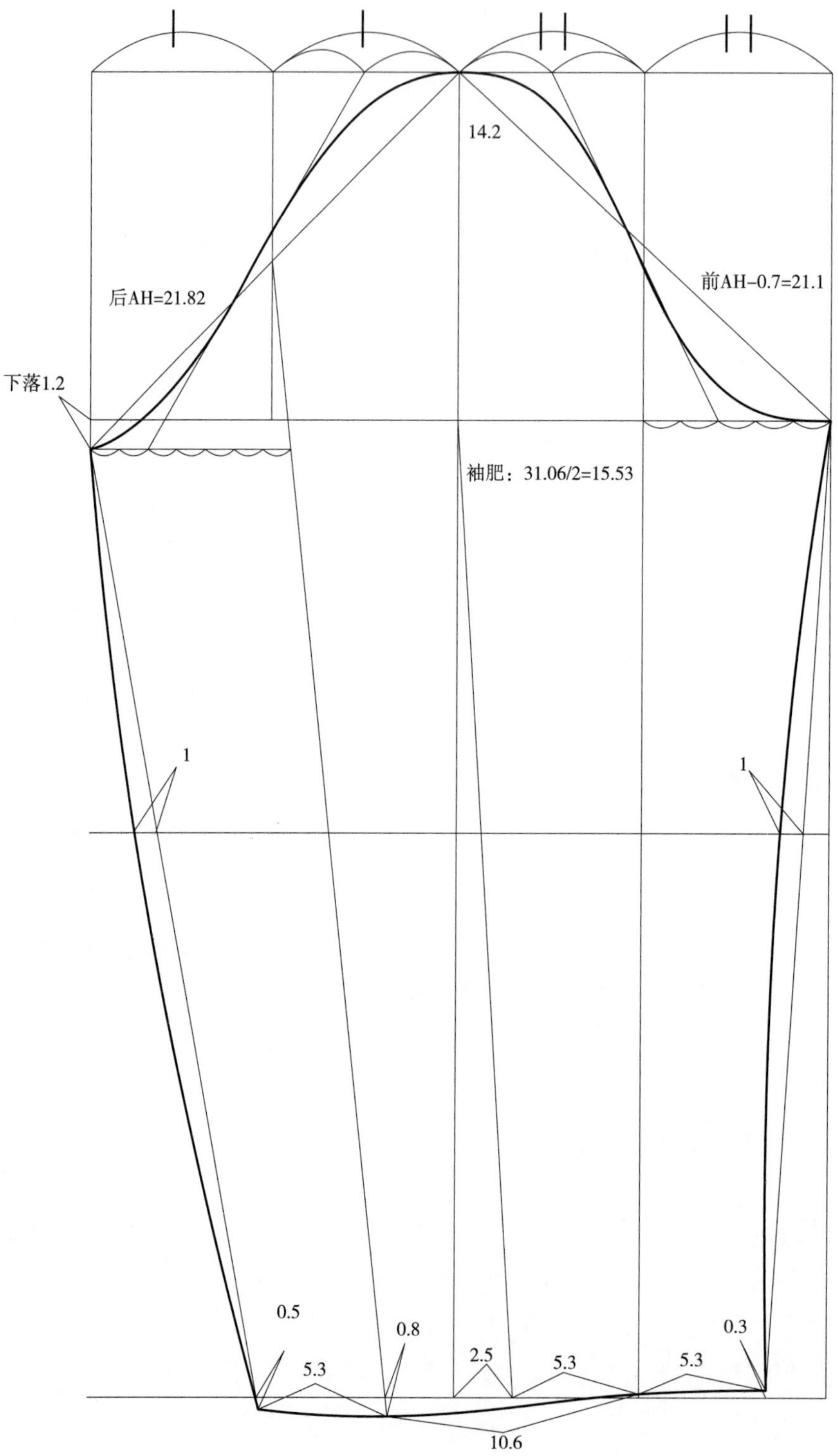

后AH=21.82

前AH−0.7=21.1

下落1.2

14.2

袖肥：31.06/2=15.53

1

1

0.5

0.8

2.5

5.3

5.3

5.3

0.3

10.6

图5−11 无省一片袖

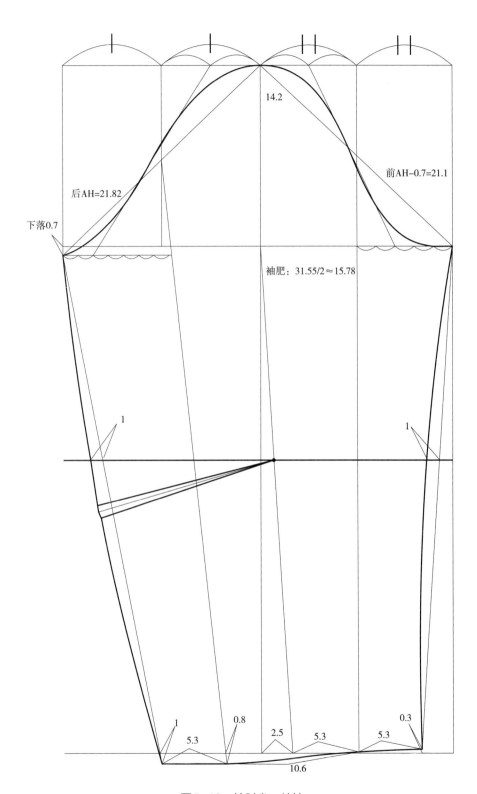

图5-12 袖肘省一片袖

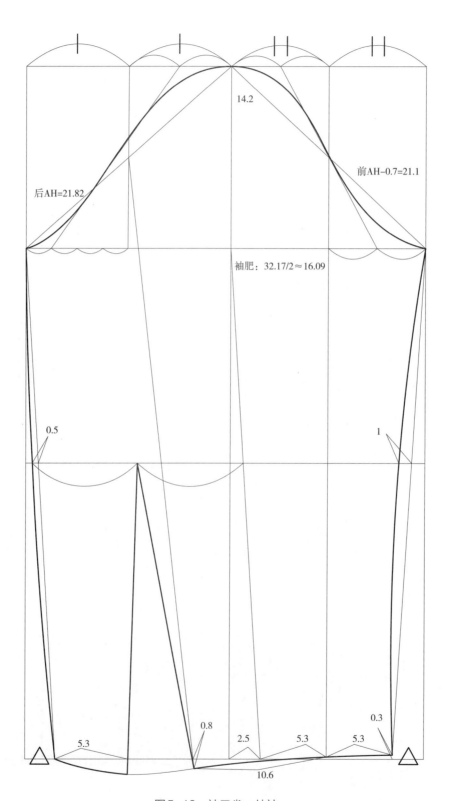

图5-13 袖口省一片袖

第二节　两片袖制图

一、袖山高与吃势的变化关系

（1）袖肥不变：袖山高每增减1cm，吃势同时也增减1cm，比值为1∶1（前AH增减0.76cm、后AH增减0.24cm）。

（2）袖山高不变：袖山高增减0.5cm（AH/2），袖肥增减0.66cm。

（3）大袖：前袖山弧线增减0.26cm，后袖山弧线增减0.54cm，比值为1∶0.8。

（4）小袖：袖山弧线增减0.57cm，大、小袖增减总和为1.37cm，比值为1∶1.37。

二、袖山高、袖肥同时变

（1）袖弦高增减0.5cm（AH/2），袖肥等于增减0.38cm，袖山高等于增减0.33cm。

（2）大袖的前袖山弧线增减0.38cm，后袖山弧线增减0.6cm；小袖的袖山弧线增减0.54cm。总吃势增减1.52cm，比值为1∶1.52。

三、袖肥增减与袖山弧线的变化

（1）大袖：当袖肥增减0.5cm时，前袖山弧线增减0.21cm，后袖山弧线增减0.5cm；小袖：袖山弧线增减0.44cm。总吃势增减1.15cm，比值为1∶1.15。

（2）按上述比值测试可以得出以下结论：

袖山高每增减1cm（袖肥不变），袖山弧线同时也增减1cm。袖肥每增减0.66cm（袖山高不变，袖弦高增减0.5cm），袖山弧线增减1.37cm。袖弦高直接增减0.5cm（袖山高、袖肥同时增减），袖山弧线增减1.52cm。袖肥增减0.5cm（袖山高不变），袖山弧线增减1.15cm。

四、两片袖的制图方法

（1）设定：B=92cm，袖窿深=18cm，AH=46.42cm。

当胸宽与背宽同时增减0.5cm时，AH等于45.52cm（总AH相差0.9cm）。前AH增减

0.39cm，后 AH 增减 0.51cm。

　　按定位点计算：前 AH 定位点增减 0.03cm，后 AH 增减 0.87cm，合计增减 0.9cm。

　　袖窿宽与 AH 的比值为 1 : 0.9，当袖弦高 (AH/2) 增减 0.45cm 时，袖肥等于增减 0.6cm。

　　注：两片袖的偏袖增减 2～3cm，后袖肥互借 1.5～2.5cm，后袖口互借 1～2cm。

　　（2）设定：B=92cm，袖窿深 =2/10B−1=17.4cm，AH=44.88cm，如图 5-14 所示。

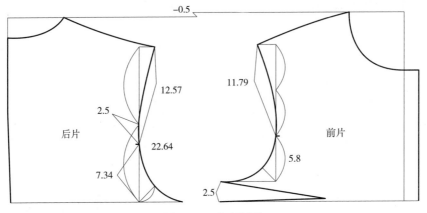

图 5-14　衣身制图

　　（3）测量与计算袖山高：前后袖窿深的 5/6=15.7cm（计算值）。测试前必须将 2.5cm 的基础省合并，前袖窿弧线的角度为成品角度才正确，如图 5-15 所示。

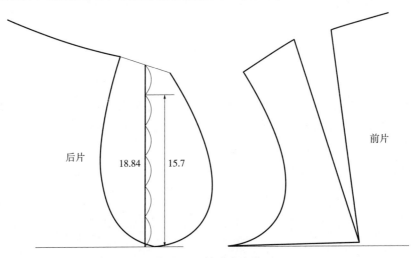

图 5-15　袖山高确定

　　（4）袖山高：前后袖窿深的 5/6−1.5cm=14.2cm（采用值），袖山 =44.88/2+0.3=22.74cm。袖山弧线吃势：47.38−44.88=2.5cm，袖肥 =17.77cm（比较合体）。

　　（5）对位点设定：前袖窿对位点为袖窿深的 1/3 处，17.4/3+0.54=6.34cm（0.54cm 为校正值）。后袖窿对位点为后袖窿深的 1/2 处向下 2.5cm，即 7.34cm 处。

（6）对位点：在两片袖上设定4个对位点就能满足缩袖的需要，从而保证袖子的平衡稳定。袖中线对位点对前、后肩的缝合线，前袖山对位点对前袖窿对位点，后袖底线缝合缝对后袖窿对位点，小袖底线对位点对前、后侧缝的缝合线。

（7）2.5cm吃势的分配：前袖上部1cm，下部0.25cm；后袖上部1cm，下部0.25cm（袖山弧线前吃势不能大于后袖山弧线吃势），一般后比前大0.2cm时袖子比较好看。

（8）借袖：前偏袖借2.5cm，前袖口借1cm；后袖底线借2.5cm，后袖口借1cm（前偏袖一般借2.5~3cm，后袖底线借1.5~2.5cm，后袖口借1~2cm）。

（9）袖中线：向前偏移2.5cm。原袖中线向下0.5cm与2.5cm偏袖线连接作袖口斜线。

（10）袖肘线：前凹进0.5cm，后向外作圆弧，直到圆顺。

（11）小袖：后袖底线上部收回1cm，前部起翘1cm。其他数值如图5-16所示。

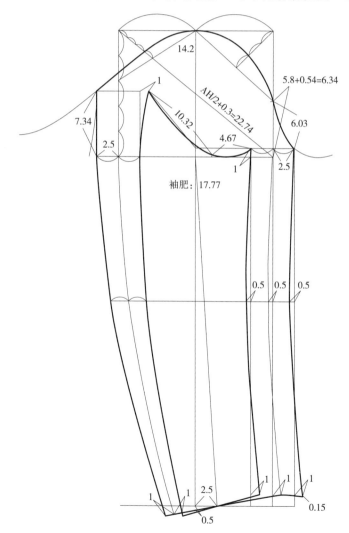

图5-16　两片袖制图

（12）大小袖图纸分开以后，对位点看的就更清楚了。对位点打刀口时，一定要注意刀口的角度，将本线段的角度一分为二。

（13）袖口开衩加片尺寸为2cm×10cm，如图5-17所示。

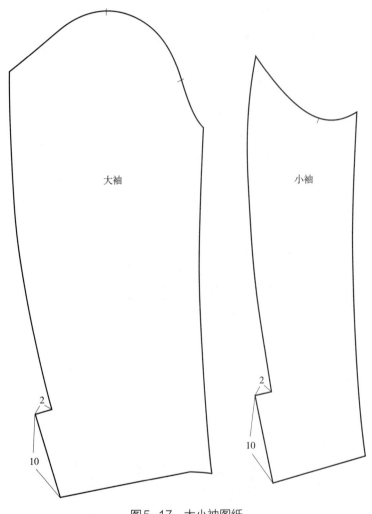

图5-17　大小袖图纸

第三节　插肩袖制图

设定胸围为92cm，袖窿深为2/10B=18.4cm，袖肥为袖窿距的1.3倍，前落肩为19°，后落肩为17.5°，垫肩厚度为0.5cm，见表5-5。

表5-5　一片、两片、三片插肩袖数据参考表　　　　单位：cm

序号	名称	前落肩	后落肩	前袖角度	后袖角度	袖山高	前袖肥	后袖肥	袖肥	袖型
1	一片袖	21°	19.5°	21°	19.5°	9.5	17.75	19.05	18.4	宽松袖型
2	两片袖	19°	17.5°	17°	15.5°	11.5	17.75	19.05	18.4	较宽松袖型
3		19°	17.5°	25°	23.5°	12	17.75	19.05	18.4	较合体袖型
4		19°	17.5°	30°	28.5°	12.5	17.75	19.05	18.4	合体袖型
5		19°	17.5°	33°	31.5°	14.2	17.75	19.05	18.4	太合体袖型
6		19°	17.5°	35°	33.5°	14.5	17.75	19.05	18.4	超合体袖型
7	三片袖	19°	17.5°	17°	15.5°	11.5	17.75	19.05	18.4	宽松袖型

注：（1）一般配袖，后袖底线比前袖底线大0.25cm左右的吃势，薄垫肩厚度一般在0.5~0.8cm，厚垫肩厚度一般在1.5~2cm。

（2）一般袖窿深为2/10B±1cm，袖角度过大时可加2cm（2cm以上则影响抬胳膊）。

（3）A体型前、后腰节差为1cm，后小肩比前小肩高0.3cm，（1+0.3）/2=0.65cm（袖肥值为±0.65cm）。也就是说，"袖中线向前移动0.65cm"，否则袖子会拧，起斜绺。

一、一片插肩袖（前袖角度21°）

一片插肩袖成品尺寸与主要部位比例分配尺寸见表5-6、表5-7。

表5-6　一片插肩袖前袖角度21°成品尺寸　　　　单位：cm

部位 尺寸 号/型	衣长（L）	胸围（B）	腰围（W）	臀围（H）	肩宽（S）	领围（N）	袖长（SL）	袖口	腰节高	吃势	垫肩
160/84A	68	92	76	96	39	37	54	12.5	39	0.5	无

表5-7　主要部位比例分配尺寸　　　　　　　　　　　　　　单位：cm

序号	部位	比例公式	尺寸	序号	部位	比例公式	尺寸
①	衣长	L	68	④	后肩宽	$0.5S$	19.5
②	前落肩	设定	21°	⑤	后背宽	$0.19B$	17.5
③	前袖窿深	$0.2B$	18.4	⑥	后胸围	$0.25B$	23
④	前领口宽	$0.2N–0.3$	7.1	⑦	后腰围	$0.25W+2$（省量）	21
⑤	前领口深	$0.2N$	7.4	⑧	后臀围	$0.25H–0.5+$省	23.5+省
⑥	前肩宽	$0.5S–0.5$	19	①	前袖角度	设定	21°
⑦	前胸宽	$0.18B$	16.6	②	后袖角度	设定	19.5°
⑧	前胸围	$0.25B$	23	③	袖长	SL	54
⑨	前腰围	$0.25W+2.5$（省量）	21.5	④	袖山高	$0.1B+0.3$	9.5
⑩	前臀围	$0.25H+0.5+$省	24.5+省	⑤	前袖肥	$0.2B–0.65$	17.75
①	后领口宽	$0.2N$	7.4	⑥	后袖肥	$0.2B+0.65$	19.05
②	后领口深	后领口宽/3	2.5	⑦	前袖口	$0.1B+3.3–0.65$	11.85
③	后落肩	设定	19.5°	⑧	后袖口	$0.1B+3.3+0.65$	13.15

（1）因为前、后袖片需要合并，所以在设计图纸时，需将前、后落肩和袖角度制作成相同的角度。袖角度设计与落肩相同时为宽松袖型，如图5-18所示。

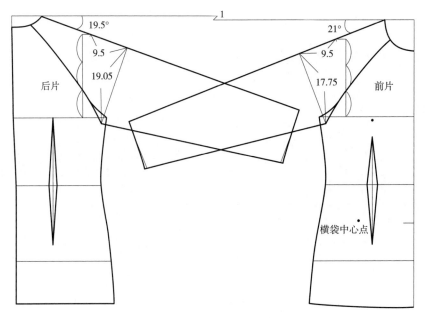

图5-18　宽松型一片插肩袖制图

（2）将前、后袖片合并，领口线修顺，如图5-19所示。

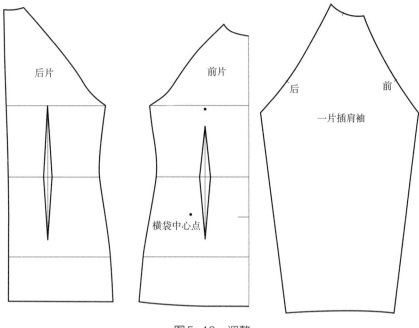

图5-19 调整

二、两片插肩袖（前袖角度17°）

前袖角度为17°的两片插肩袖成片尺寸与主要部位比例分配尺寸见表5-8、表5-9。

表5-8 两片插肩袖前袖角度17°成品尺寸　　　　　　　　　　　单位：cm

尺寸 号/型	衣长（L）	胸围（B）	腰围（W）	臀围（H）	肩宽（S）	领围（N）	袖长（SL）	袖口	腰节高	吃势	垫肩厚
160/84A	68	92	76	96	39	37	54	12.5	39	0.5	0.5

表5-9 主要部位比例分配尺寸　　　　　　　　　　　单位：cm

序号	部位	比例公式	尺寸	序号	部位	比例公式	尺寸
①	衣长	L	68	④	前领口宽	$0.2N-0.3$	7.1
②	前落肩	设定	19°	⑤	前领口深	$0.2N$	7.4
③	前袖窿深	$0.2B$	18.4	⑥	前肩宽	$0.5S-0.5$	19

续表

序号	部位	比例公式	尺寸	序号	部位	比例公式	尺寸
⑦	前胸宽	$0.18B$	16.6	⑦	后腰围	$0.25W+2$（省量）	21
⑧	前胸围	$0.25B$	23	⑧	后臀围	$0.25H-0.5+$省	23.5+省
⑨	前腰围	$0.25W+2.5$（省量）	21.5	①	前袖角度	设定	17°
⑩	前臀围	$0.25H+0.5+$省	24.5+省	②	后袖角度	设定	15.5°
①	后领口宽	$0.2N$	7.4	③	袖长	SL	54
②	后领口深	后领口宽/3	2.5	④	袖山高	$0.1B+2.3$	11.5
③	后落肩	设定	17.5°	⑤	前袖肥	$0.2B-0.65$	17.75
④	后肩宽	$0.5S$	19.5	⑥	后袖肥	$0.2B+0.65$	19.05
⑤	后背宽	$0.19B$	17.5	⑦	前袖口	$0.1B+3.3-0.65$	11.85
⑥	后胸围	$0.25B$	23	⑧	后袖口	$0.1B+3.3+0.65$	13.15

袖角度达到17°时为较宽松袖型，如图5-20所示。

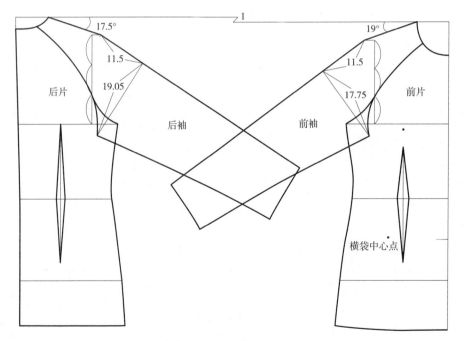

图5-20 较宽松型两片插肩袖制图

三、两片插肩袖（前袖角度25°）

前袖角度为25°的两片插肩袖成品尺寸与主要部位比例分配尺寸见表5-10、表5-11。

表5-10　两片插肩袖前袖角度25°成品尺寸　　　　　单位：cm

尺寸 号 / 型 　部位	衣长 (L)	胸围 (B)	腰围 (W)	臀围 (H)	肩宽 (S)	领围 (N)	袖长 (SL)	袖口	腰节高	吃势	垫肩厚
160/84A	68	92	76	96	39	37	54	12.5	39	0.5	0.5

表5-11　主要部位比例分配尺寸　　　　　单位：cm

序号	部位	比例公式	尺寸	序号	部位	比例公式	尺寸
①	衣长	L	68	④	后肩宽	$0.5S$	19.5
②	前落肩	设定	19°	⑤	后背宽	$0.19B$	17.5
③	前袖窿深	$0.2B$	18.4	⑥	后胸围	$0.25B$	23
④	前领口宽	$0.2N-0.3$	7.1	⑦	后腰围	$0.25W+2$（省量）	21
⑤	前领口深	$0.2N$	7.4	⑧	后臀围	$0.25H-0.5+$省	23.5+省
⑥	前肩宽	$0.5S-0.5$	19	①	前袖角度	设定	25°
⑦	前胸宽	$0.18B$	16.6	②	后袖角度	设定	23.5°
⑧	前胸围	$0.25B$	23	③	袖长	SL	54
⑨	前腰围	$0.25W+2.5$（省量）	21.5	④	袖山高	$0.1B+2.8$	12
⑩	前臀围	$0.25H+0.5+$省	24.5+省	⑤	前袖肥	$0.2B-0.65$	17.75
①	后领口宽	$0.2N$	7.4	⑥	后袖肥	$0.2B+0.65$	19.05
②	后领口深	后领口宽/3	2.5	⑦	前袖口	$0.1B+3.3-0.65$	11.85
③	后落肩	设定	17.5°	⑧	后袖口	$0.1B+3.3+0.65$	13.15

袖角度达到25°时为较合体袖型，如图5-21所示。

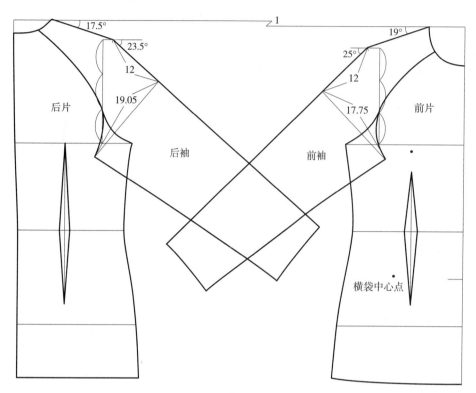

图5-21　较合体型两片插肩袖制图

四、两片插肩袖（前袖角度30°）

前袖角度为30°的两片插肩袖成品尺寸与主要部位比例分配尺寸见表5-12、表5-13。

表5-12　两片插肩袖前袖角度30°成品尺寸　　　　单位：cm

尺寸号/型 ＼ 部位	衣长（L）	胸围（B）	腰围（W）	臀围（H）	肩宽（S）	领围（N）	袖长（SL）	袖口	腰节高	吃势	垫肩厚
160/84A	68	92	76	96	39	37	54	12.5	39	0.5	0.5

表5-13　主要部位比例分配尺寸　　　　单位：cm

序号	部位	比例公式	尺寸	序号	部位	比例公式	尺寸
①	衣长	L	68	②	前落肩	设定	19°

序号	部位	比例公式	尺寸	序号	部位	比例公式	尺寸
③	前袖窿深	$0.2B+1$	19.4	⑤	后背宽	$0.19B$	17.5
④	前领口宽	$0.2N-0.3$	7.1	⑥	后胸围	$0.25B$	23
⑤	前领口深	$0.2N$	7.4	⑦	后腰围	$0.25W+2$（省量）	21
⑥	前肩宽	$0.5S-0.5$	19	⑧	后臀围	$0.25H-0.5+$省	23.5+省
⑦	前胸宽	$0.18B$	16.6	①	前袖角度	设定	30°
⑧	前胸围	$0.25B$	23	②	后袖角度	设定	28.5°
⑨	前腰围	$0.25W+2.5$（省量）	21.5	③	袖长	SL	54
⑩	前臀围	$0.25H+0.5+$省	24.5+省	④	袖山高	$0.1B+3.3$	12.5
①	后领口宽	$0.2N$	7.4	⑤	前袖肥	$0.2B-0.65$	17.75
②	后领口深	后领口宽/3	2.5	⑥	后袖肥	$0.2B+0.65$	19.05
③	后落肩	设定	17.5°	⑦	前袖口	$0.1B+3.3-0.65$	11.85
④	后肩宽	$0.5S$	19.5	⑧	后袖口	$0.1B+3.3+0.65$	13.15

袖角度达到30°时为合体袖型，如图5-22所示。

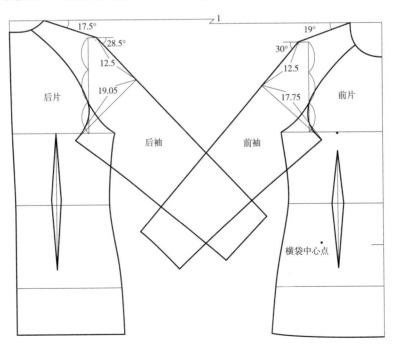

图5-22　合体型两片插肩袖制图

五、两片插肩袖（前袖角度33°）

前袖角度为33°的两片插肩袖成品尺寸与主要部位比例分配尺寸见表5-14、表5-15。

表5-14　两片插肩袖前袖角度为33°成品尺寸　　　　　　　　单位：cm

尺寸　　　部位 号/型	衣长 （L）	胸围 （B）	腰围 （W）	臀围 （H）	肩宽 （S）	领围 （N）	袖长 （SL）	袖口	腰节高	吃势	垫肩厚
160/84A	68	92	76	96	39	37	54	12.5	39	0.5	0.5

表5-15　主要部位比例分配尺寸　　　　　　　　单位：cm

序号	部位	比例公式	尺寸	序号	部位	比例公式	尺寸
①	衣长	L	68	④	后肩宽	$0.5S$	19.5
②	前落肩	设定	19°	⑤	后背宽	$0.19B$	17.5
③	前袖窿深	$0.2B+2$	20.4	⑥	后胸围	$0.25B$	23
④	前领口宽	$0.2N-0.3$	7.1	⑦	后腰围	$0.25W+2$（省量）	21
⑤	前领口深	$0.2N$	7.4	⑧	后臀围	$0.25H-0.5+$省	23.5+省
⑥	前肩宽	$0.5S-0.5$	19	①	前袖角度	设定	33°
⑦	前胸宽	$0.18B$	16.6	②	后袖角度	设定	31.5°
⑧	前胸围	$0.25B$	23	③	袖长	SL	54
⑨	前腰围	$0.25W+2.5$（省量）	21.5	④	袖山高	$0.1B+5$	14.2
⑩	前臀围	$0.25H+0.5+$省	24.5+省	⑤	前袖肥	$0.2B-0.65$	17.75
①	后领口宽	$0.2N$	7.4	⑥	后袖肥	$0.2B+0.65$	19.05
②	后领口深	后领口宽/3	2.5	⑦	前袖口	$0.1B+3.3-0.65$	11.85
③	后落肩	设定	17.5°	⑧	后袖口	$0.1B+3.3+0.65$	13.15

袖角度达到33°时为太合体袖型,袖窿相对有点深,如图5-23所示。

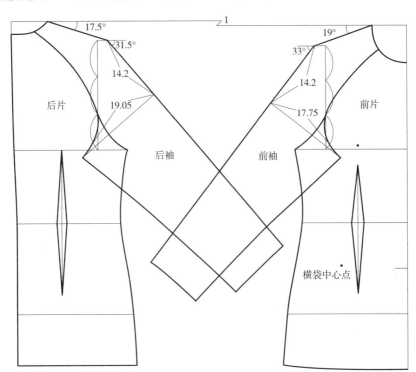

图5-23 太合体型两片插肩袖制图

六、两片插肩袖(前袖角度35°)

前袖角度为35°的两片插肩袖成品尺寸与主要部位比例分配尺寸见表5-16、表5-17。

表5-16 两片插肩袖前袖角度35°成品尺寸　　　　　　　　　　单位:cm

尺寸 号/型	衣长 (L)	胸围 (B)	腰围 (W)	臀围 (H)	肩宽 (S)	领围 (N)	袖长 (SL)	袖口	腰节高	吃势	垫肩厚
160/84A	68	92	76	96	39	37	54	12.5	39	0.5	0.5

表5-17 主要部位比例分配尺寸　　　　　　　　　　单位:cm

序号	部位	比例公式	尺寸	序号	部位	比例公式	尺寸
①	衣长	L	68	③	前袖窿深	$0.2B+2$	20.4
②	前落肩	设定	19°	④	前领口宽	$0.2N-0.3$	7.1

续表

序号	部位	比例公式	尺寸	序号	部位	比例公式	尺寸
⑤	前领口深	$0.2N$	7.4	⑥	后胸围	$0.25B$	23
⑥	前肩宽	$0.5S-0.5$	19	⑦	后腰围	$0.25W+2$（省量）	21
⑦	前胸宽	$0.18B$	16.6	⑧	后臀围	$0.25H-0.5+$省	23.5+省
⑧	前胸围	$0.25B$	23	①	前袖角度	设定	35°
⑨	前腰围	$0.25W+2.5$（省量）	21.5	②	后袖角度	设定	33.5°
⑩	前臀围	$0.25H+0.5+$省	24.5+省	③	袖长	SL	54
①	后领口宽	$0.2N$	7.4	④	袖山高	$0.1B+5.3$	14.5
②	后领口深	后领口宽/3	2.5	⑤	前袖肥	$0.2B-0.65$	17.75
③	后落肩	设定	17.5°	⑥	后袖肥	$0.2B+0.65$	19.05
④	后肩宽	$0.5S$	19.5	⑦	前袖口	$0.1B+3.3-0.65$	11.85
⑤	后背宽	$0.19B$	17.5	⑧	后袖口	$0.1B+3.3+0.65$	13.15

当袖角度达到35°时，袖窿太深，不好抬胳膊，尽量不要使用，如图5-24所示。

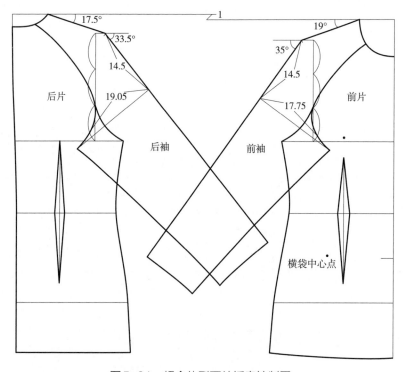

图5-24 超合体型两片插肩袖制图

七、三片插肩袖（前袖角度17°）

前袖角度为17°的三片插肩袖成品尺寸与主要部位比例分配尺寸见表5-18、表5-19。

表5-18 三片插肩袖前袖角度17°成品尺寸　　　　　单位：cm

尺寸　部位　号/型	衣长（L）	胸围（B）	腰围（W）	臀围（H）	肩宽（S）	领围（N）	袖长（SL）	袖口	腰节高	吃势	垫肩厚
160/84A	68	92	76	96	39	37	54	12.5	39	0.5	0.5

表5-19 主要部位比例分配尺寸　　　　　单位：cm

序号	部位	比例公式	尺寸	序号	部位	比例公式	尺寸
①	衣长	L	68	④	后肩宽	$0.5S$	19.5
②	前落肩	设定	19°	⑤	后背宽	$0.19B$	17.5
③	前袖窿深	$0.2B$	18.4	⑥	后胸围	$0.25B$	23
④	前领口宽	$0.2N-0.3$	7.1	⑦	后腰围	$0.25W+2$（省量）	21
⑤	前领口深	$0.2N$	7.4	⑧	后臀围	$0.25H-0.5+$省	23.5+省
⑥	前肩宽	$0.5S-0.5$	19	①	前袖角度	设定	17°
⑦	前胸宽	$0.18B$	16.6	②	后袖角度	设定	15.5°
⑧	前胸围	$0.25B$	23	③	袖长	SL	54
⑨	前腰围	$0.25W+2.5$（省量）	21.5	④	袖山高	$0.1B+2.3$	11.5
⑩	前臀围	$0.25H+0.5+$省	24.5+省	⑤	前袖肥	$0.2B-0.65$	17.75
①	后领口宽	$0.2N$	7.4	⑥	后袖肥	$0.2B+0.65$	19.05
②	后领口深	后领口宽/3	2.5	⑦	前袖口	$0.1B+3.3-0.65$	11.85
③	后落肩	设定	17.5°	⑧	后袖口	$0.1B+3.3+0.65$	13.15

（1）三片插肩袖从侧面看，比两片插肩袖显瘦，因为两片袖效果是扁平的，而三片袖是较圆的，有立体感，如图5-25所示。

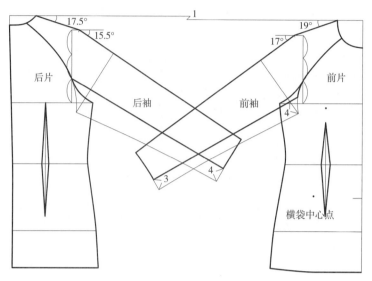

图5-25　三片插肩袖制图

（2）将前、后小袖剪下来，修正袖口角度，然后进行合并，合并以后将两侧的弧线修圆顺，如图5-26所示。

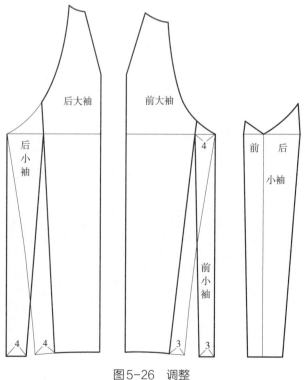

图5-26　调整

第四节 异形袖制图

一、衬衫借肩对褶袖尺寸设定

这种款式在女装设计上是比较特殊的，配袖的方法也比较麻烦，在衬衫袖山形状设计上，把袖山设计成平头，还是比较少见的。衬衫借肩对褶袖的成品尺寸与主要部位比例分配尺寸见表5-20、表5-21。

表5-20 衬衫借肩对褶袖成品尺寸　　　　　　　　　　　　　单位：cm

尺寸 号/型	衣长 （L）	胸围 （B）	腰围 （W）	臀围 （H）	肩宽 （S）	领围 （N）	袖长 （SL）	袖口	腰节高	袖山吃势
160/84A	68	92	76	96	39	37	54	10	39	1.5

表5-21 主要部位比例分配尺寸　　　　　　　　　　　　　　单位：cm

序号	部位	比例公式	尺寸	序号	部位	比例公式	尺寸
①	衣长	L	68	⑩	前臀围	$0.25H+0.5$	24.5
②	前落肩	设定	21°	⑪	后领口宽	$0.2N$	7.4
③	前袖窿深	$0.2B-1.5$	16.9	⑫	后领口深	1/3后领口宽	2.5
④	前领口宽	$0.2N-0.3$	7.1	⑬	后落肩	设定	19.5°
⑤	前领口深	$0.2N$	7.4	⑭	后肩宽	$0.5S$	19.5
⑥	前肩宽	$0.5S-0.5$	19	⑮	后背宽	$0.19B$	17.48
⑦	前胸宽	$0.18B$	16.56	⑯	后胸围	$0.25B-0.5$	22.5
⑧	前胸围	$0.25B+0.5$	23.5	⑰	后腰围	$0.25W-0.5+2$（省量）	20.5
⑨	前腰围	$0.25W+0.5+2.5$（省量）	22	⑱	后臀围	$0.25H-0.5$	23.5

续表

序号	部位	比例公式	尺寸	序号	部位	比例公式	尺寸
①	袖长	SL−5	50	④	后袖弦高	后AH22.51+0.3	22.81
②	袖山高	29% AH	14.5	⑤	袖肥	0.2B−0.6	17.8
③	前袖弦高	前AH:22.45	22.45	⑥	袖口	0.1B+0.8	11

二、衬衫借肩对褶袖制图

（1）借用盲省胸围为92cm的衣身图纸制图。前、后小肩借用2cm，如图5-27所示。

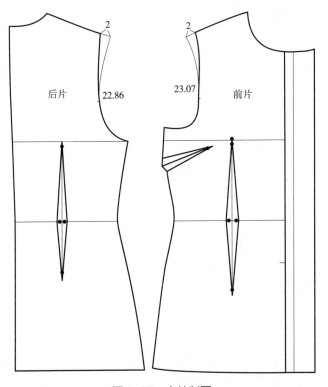

图5-27　衣片制图

（2）衣身借袖2cm，袖山高需多补3cm。前袖肥为11+9.5=20.5cm，后袖肥为11+10=21cm，袖山高为14.5+5=18.5cm，袖山褶为5.5+5.5+5+5+1=22cm。

（3）袖山捏袖褶方法：1正、2正、3包、4反（里看三个褶，外看四个褶，里中点钉60°三角钉，两边压0.1cm明线），如图5-28所示。

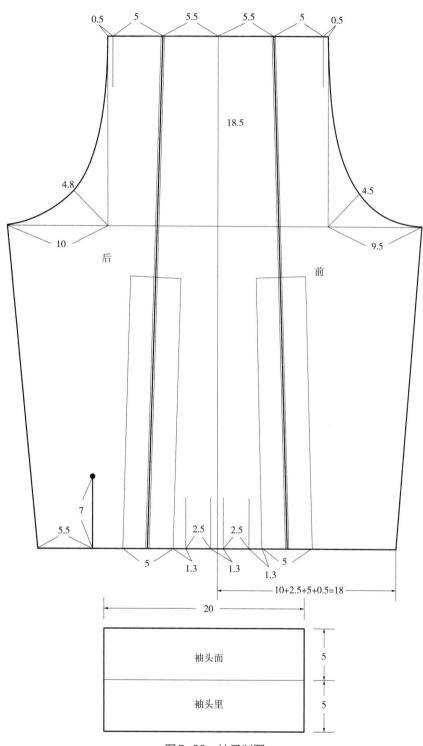

图5-28　袖子制图

（4）泡泡袖展开，如图5-29～图5-32所示。

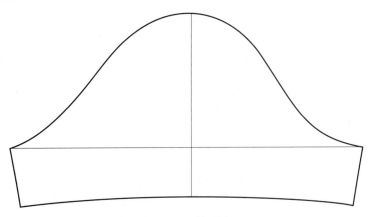

图5-29 基础袖

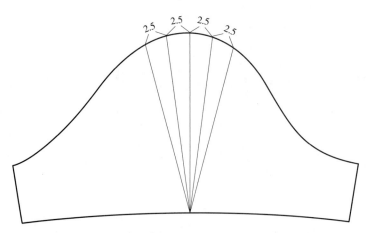

图5-30 分割

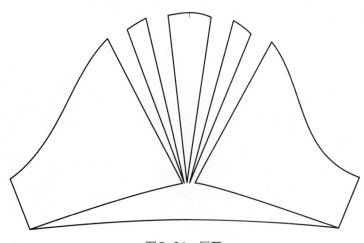

图5-31 展开

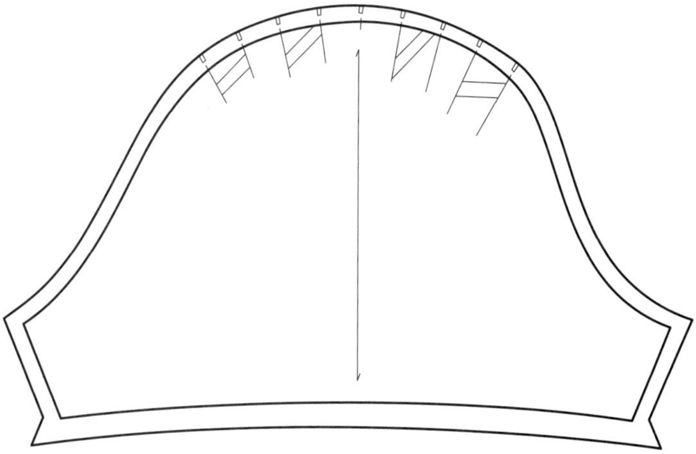

图5-32　放缝

第五节　套肩袖制图

一、套肩袖插角上衣

套肩袖插角上衣成品尺寸与主要部位比例分配尺寸见表5-22、表5-23。

表5-22　套肩袖插角上衣成品尺寸　　　　　　　　　　　　　　单位：cm

尺寸　　　　　部位 号/型	衣长 （L）	胸围 （B）	腰围 （W）	臀围 （H）	肩宽 （S）	领围 （N）	袖长 （SL）	袖口	腰节高	垫肩厚
160/84A	68	96	90	100	39	37	54	13	40	0.5

表5-23　主要部位比例分配尺寸　　　　　　　　　　　　　　单位：cm

序号	部位	比例公式	尺寸	序号	部位	比例公式	尺寸
①	衣长	L	68	④	前袖窿深	$0.2B+4.5$	23.7
②	前落肩	设定	19°	⑤	前领口宽	$0.2N-0.3$	7.1
③	前肩宽	$0.5S-0.5$	19	⑥	前领口深	$0.2N$	7.4

续表

序号	部位	比例公式	尺寸	序号	部位	比例公式	尺寸
⑦	前胸围	$0.25B$	24	⑥	后腰围	$0.25W$	22.5
⑧	前腰围	$0.25W$	22.5	⑦	后臀围	$0.25H-0.5$	24.5
⑨	前臀围	$0.25H+0.5$	25.5	①	袖长	SL	54
①	后领口宽	$0.2N$	7.4	②	袖山高	$0.1B+5.1$	14.7
②	后领口深	设定	2.5	③	前袖肥	$0.2B+0.15-0.65$	18.7
③	后落肩	设定	17°	④	后袖肥	$0.2B+0.15+0.65$	20
④	后肩宽	$0.5S$	19.5	⑤	前袖口	$0.1B+3.4-0.65$	12.35
⑤	后胸围	$0.25B$	24	⑥	后袖口	$0.1B+3.4+0.65$	13.65

（1）由于袖子使用了45°斜纱面料，面板袖长减下垂5cm。

（2）由于里绸无下垂，里绸板按原尺寸不减。

（3）袖子下垂以后，袖肥会瘦2cm左右，因此，在设定袖肥时需要加肥一些。

（4）制图袖肥为19.4cm，成品袖肥为17.5cm左右。

（5）袖子角度因受插角的影响，生产成品只能制作三个号（即上、下各推一个号）。幅宽1.5m的面料正好能排下大号，如图5-33所示。

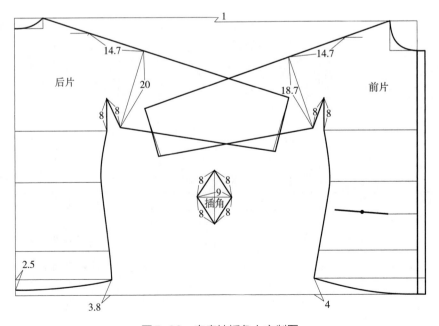

图5-33　套肩袖插角上衣制图

二、套肩袖插小袖上衣

套肩袖插小袖上衣成品尺寸与主要部位比例分配尺寸见表5-24、表5-25。

表5-24 套肩袖插小袖上衣成品尺寸　　单位：cm

部位 尺寸 号/型	衣长 （L）	胸围 （B）	腰围 （W）	臀围 （H）	肩宽 （S）	领围 （N）	袖长 （SL）	袖口	腰节高	垫肩厚
160/84A	68	96	90	100	39	37	54	13	40	0.5

表5-25 主要部位比例分配尺寸　　单位：cm

序号	部位	比例公式	尺寸	序号	部位	比例公式	尺寸
①	衣长	L	68	③	后落肩	设定	17°
②	前落肩	设定	19°	④	后肩宽	0.5S	19.5
③	前肩宽	0.5S-0.5	19	⑤	后胸围	0.25B	24
④	前袖窿深	0.2B+2.5	21.7	⑥	后腰围	0.25W	22.5
⑤	前领口宽	0.2N-0.3	7.1	⑦	后臀围	0.25H-0.5	24.5
⑥	前领口深	0.2N	7.4	①	袖长	SL	54
⑦	前胸围	0.25B	24	②	袖山高	0.1B+5.1	14.7
⑧	前腰围	0.25W	22.5	③	前袖肥	0.2B+0.15-0.65	18.7
⑨	前臀围	0.25H+0.5	25.5	④	后袖肥	0.2B+0.15+0.65	20
①	后领口宽	0.2N	7.4	⑤	前袖口	0.1B+3.4-0.65	12.35
②	后领口深	设定	2.5	⑥	后袖口	0.1B+3.4+0.65	13.65

（1）由于小袖使用了经向面料，面板袖长减2cm。

（2）由于大袖使用了45°斜纱面料，袖长减5cm。

（3）由于里布无下垂，里绸板按原尺寸不减。

（4）袖子下垂以后，袖肥会瘦1.5cm左右，因此，在设定袖肥时需要加肥一些。

（5）制图袖肥为19.4cm，成品袖肥为18cm左右。

（6）虽然小袖拿掉了，但还是受幅宽的影响，只能推三个号，如图5-34所示。

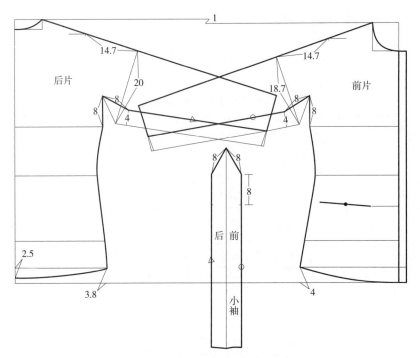

图5-34　套肩袖插小袖上衣制图

第六章　帽子制图

一、合体三片可卸风帽（一）

领围一般设定为40cm，另外还要加放2cm的松量，所以设定领围为42cm。本款为合体三片可卸风帽，前面可加皮毛，后面下部绱拉链，如图6-1所示。

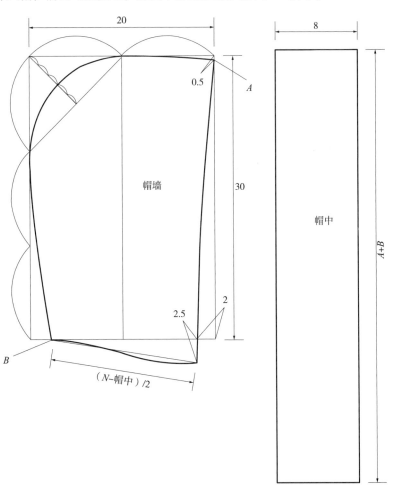

图6-1　合体三片可卸风帽（一）制图

二、合体三片可卸风帽（二）

本款为合体三片可卸风帽，后面下部绱拉链，领围为45cm，如图6-2所示。

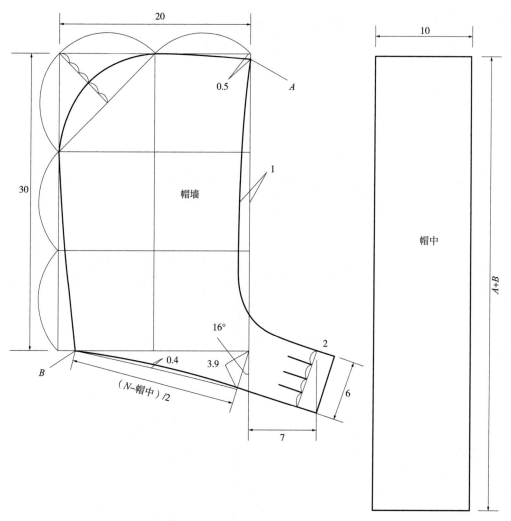

图6-2　合体三片可卸风帽（二）制图

三、合体三片不可卸风帽

本款为合体三片不可卸风帽，即直接绱在领口上，领围为44cm，如图6-3所示。

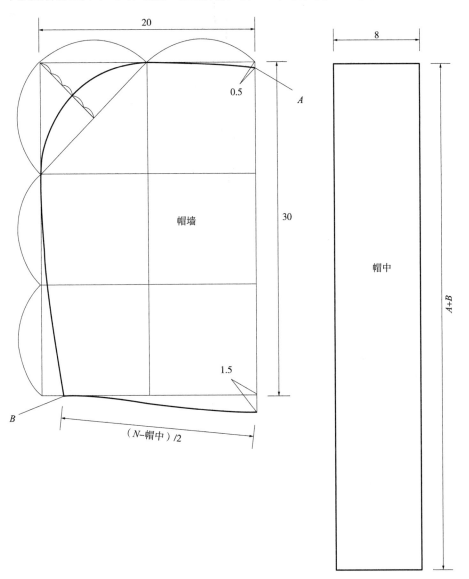

图6-3 合体三片不可卸风帽制图

四、三片不可卸风帽

本款为三片不可卸风帽，即直接绱在领口上，领围为45cm，如图6-4所示。

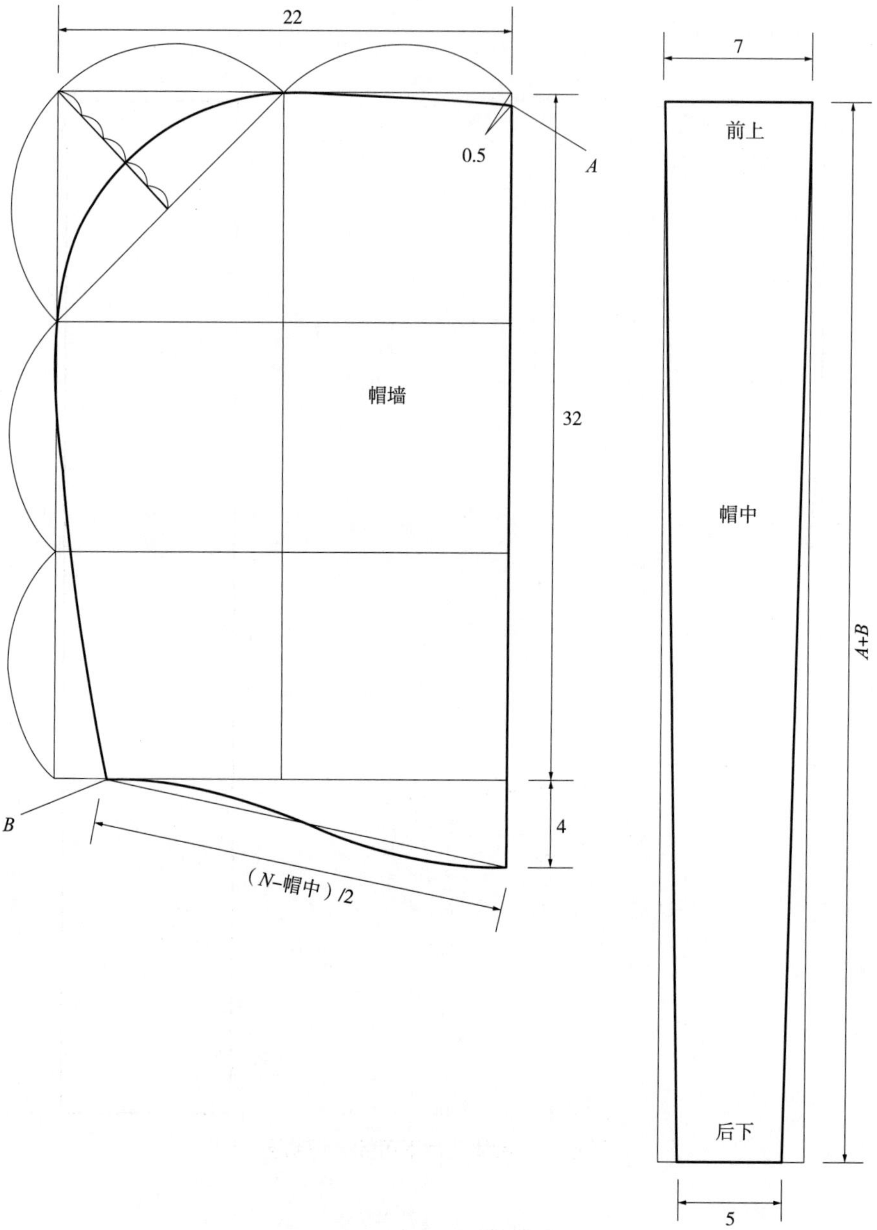

图6-4 三片不可卸风帽制图

五、两片不可卸风帽（一）

本款为两片不可卸风帽，即直接绱在领口上，领围为56cm，如图6-5所示。

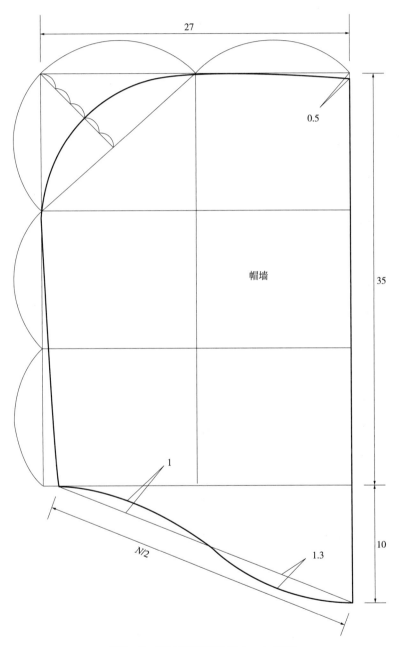

图6-5　两片不可卸风帽（一）制图

六、两片不可卸风帽（二）

本款为两片不可卸风帽，即直接缫在领口上，领围为48cm，如图6-6所示。

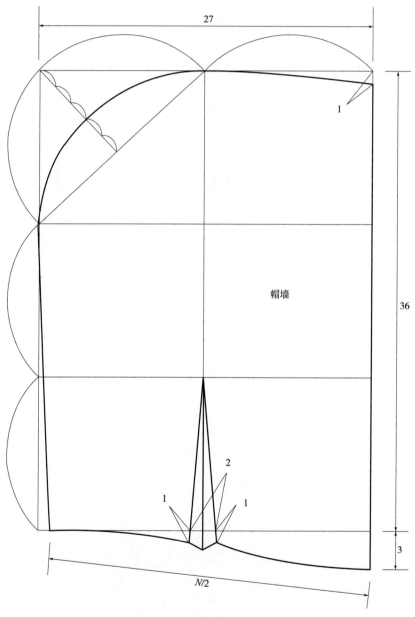

图6-6　两片不可卸风帽（二）制图

七、两片可卸风帽（一）

本款为两片可卸风帽，后面下部缲拉链，前面用魔术贴，领围为45cm，如图6-7所示。

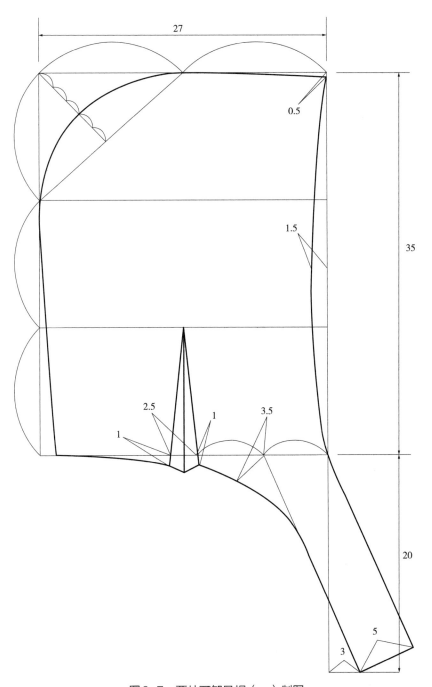

图6-7　两片可卸风帽（一）制图

八、两片可卸风帽（二）

本款为两片可卸风帽，后面下部缂拉链，前搭门锁三个扣眼，钉三粒纽扣，领围为54cm，如图6-8所示。

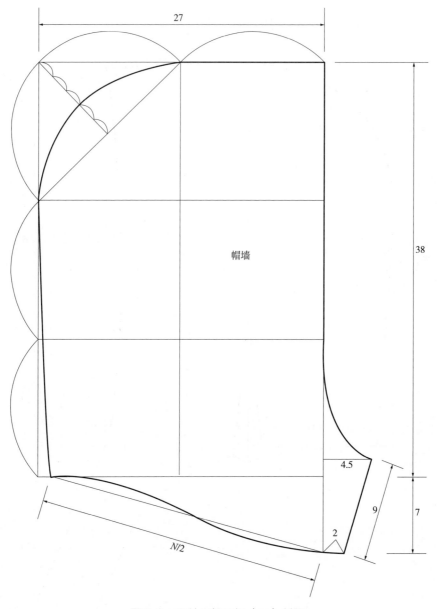

图6-8　两片可卸风帽（二）制图

九、圣诞帽

（1）将基础板前、后领口各扩大3cm，前中线向内减去0.8cm（绱拉链），如图6-9所示。

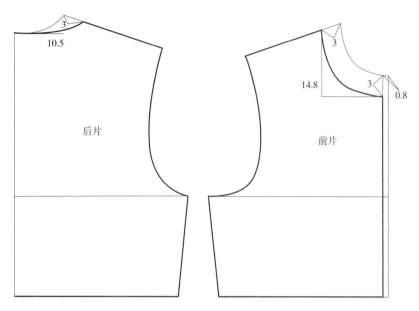

图6-9　圣诞帽衣片制图

（2）修正后，得到实际使用板，如图6-10所示。

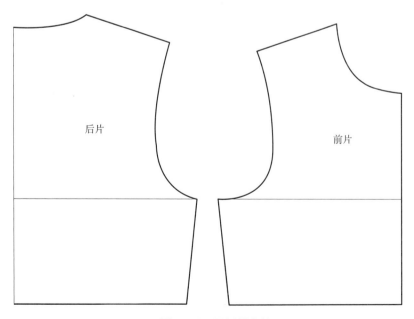

图6-10　圣诞帽衣片

（3）圣诞帽的制图与放缝，如图6-11所示。最后在帽子的顶尖处加一个绒球。

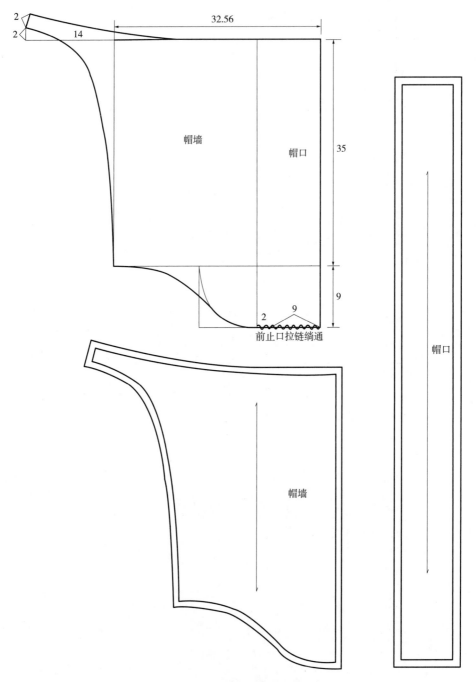

图6-11 圣诞帽制图与放缝

第七章　袋板制图

第一节　袋板定位

一、三开身袋板定位

三开身袋板定位：小袋位距上平线20cm，也可以是19.75cm，直接确定小袋口的中心定位点；大袋位距上平线48cm，也可以是47.5cm，直接确定大袋口的中心定位点，如图7-1所示。

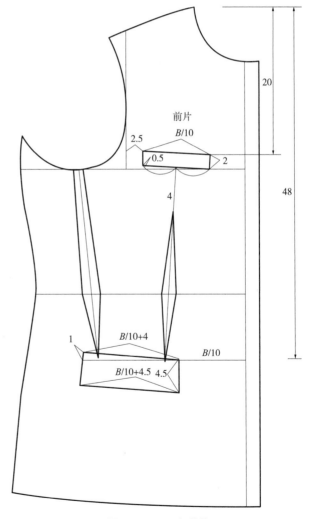

图7-1　三开身袋位

二、四开身袋板定位

四开身袋板定位如图7-2所示。

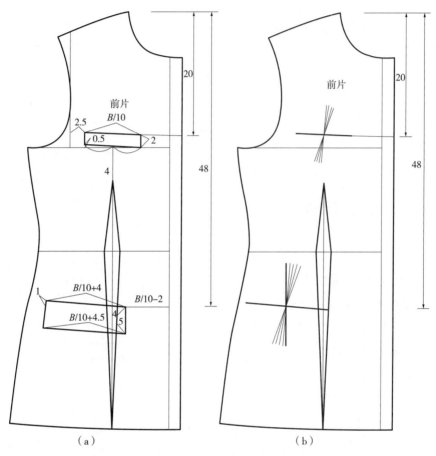

图7-2　四开身袋板定位

第二节　袋板制图

一、明贴袋

款式一：

（1）袋口放缝：明线宽度+0.5cm（锁边）。

（2）袋口放缝：明线宽度+1cm（净边包边）。

（3）绲边放缝为0。

（4）另绱条的放缝为1cm，其他三边放缝1.2cm，未标注的部位放缝均为1cm，特殊部位放缝如图7-3所示。

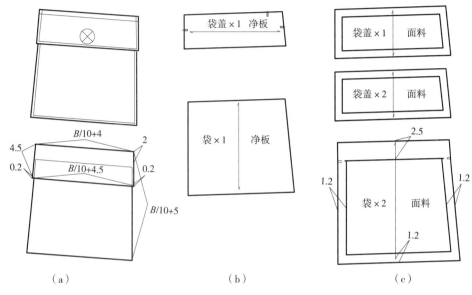

图7-3　明贴袋款式一

款式二：如图7-4所示。

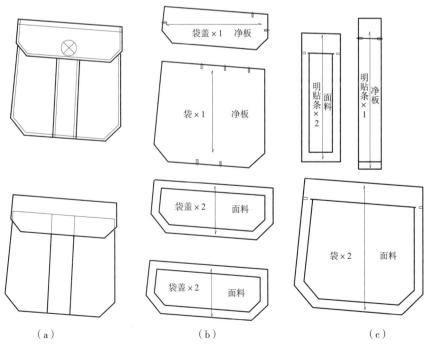

图7-4　明贴袋款式二

款式三：如图7-5所示。

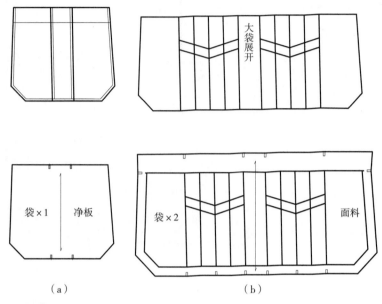

（a）　　　　　　　　　　　　　　　（b）

图7-5　明贴袋款式三

二、吊袋

款式一：如图7-6所示。

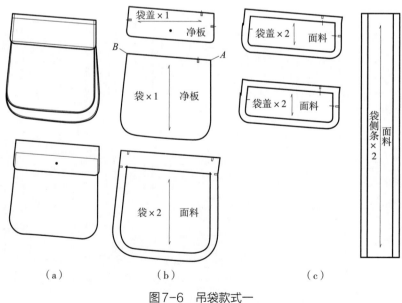

（a）　　　　　　　（b）　　　　　　　（c）

图7-6　吊袋款式一

款式二：如图7-7所示。

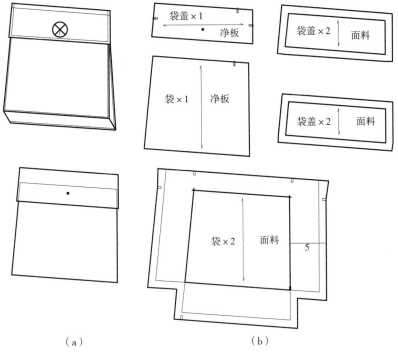

（a）　　　　　　（b）

图7-7 吊袋款式二

款式三：如图7-8所示。

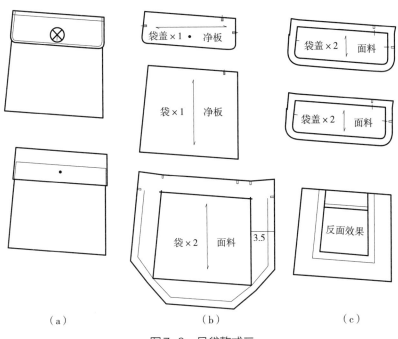

（a）　　　　（b）　　　　（c）

图7-8 吊袋款式三

三、单嵌线挖袋

单嵌线挖袋如图7-9所示。

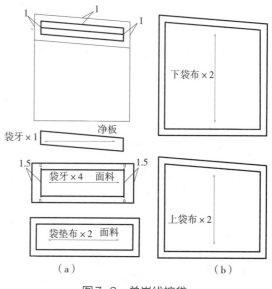

图7-9　单嵌线挖袋

四、双嵌线挖袋

双嵌线挖袋如图7-10所示。

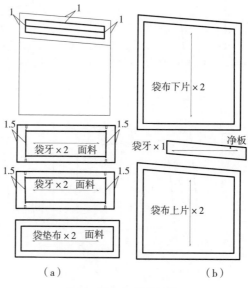

图7-10　双嵌线挖袋

五、单嵌线斜挖袋

单嵌线斜挖袋如图7-11所示。

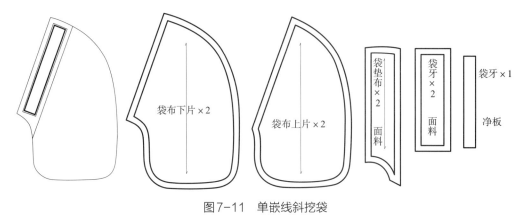

图7-11 单嵌线斜挖袋

六、立板斜挖袋

立板斜挖袋如图7-12所示。

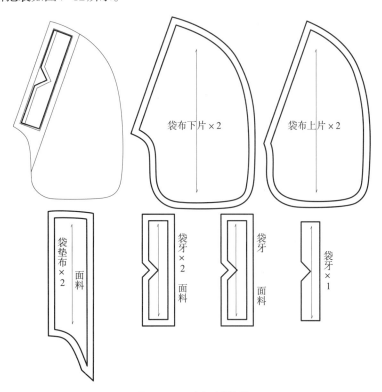

图7-12 立板斜挖袋

七、单边展开袋

款式一：如图7-13所示。

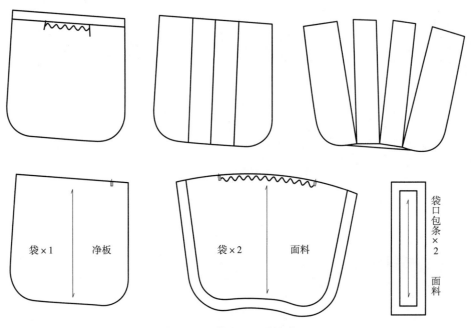

图7-13　单边展开袋款式一

款式二：如图7-14所示。

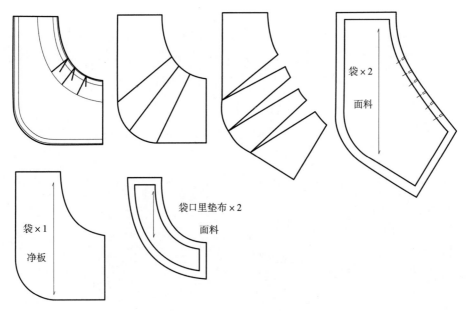

图7-14　单边展开袋款式二

八、三边展开袋

三边展开袋如图7-15所示。

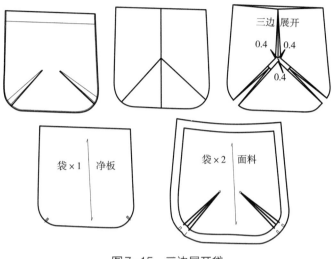

图7-15 三边展开袋

九、侧下45°展开袋

侧下45°展开袋如图7-16所示。

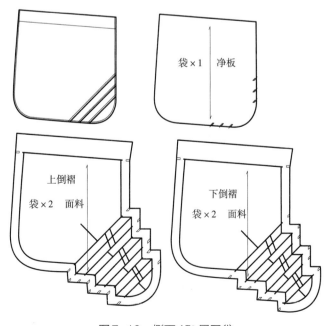

图7-16 侧下45°展开袋

第三节 口袋效果图

一、袋牙、袋嘴

袋牙、袋嘴效果图如图7-17所示。

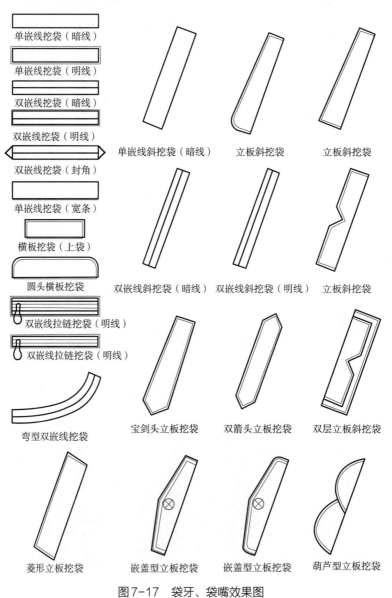

图7-17 袋牙、袋嘴效果图

二、袋盖

袋盖效果图如图7-18所示。

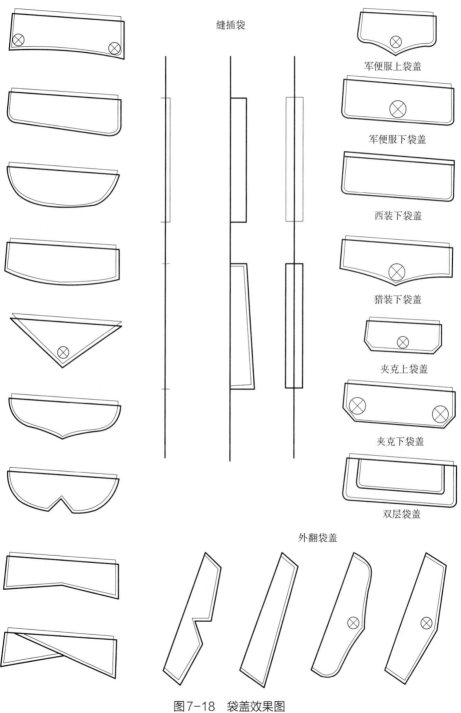

缝插袋

军便服上袋盖

军便服下袋盖

西装下袋盖

猎装下袋盖

夹克上袋盖

夹克下袋盖

双层袋盖

外翻袋盖

图7-18 袋盖效果图

第八章　配里与放缝

第一节　配里

一、三开身配里

使用面板直接推放里板。衣身前、后片配里，面板为粗实线，里板为细实线，如图8-1所示。

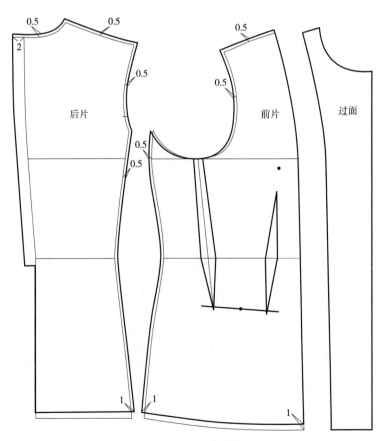

图8-1　三开身配里

二、四开身配里

四开身前、后片的配里：前片下摆加长0.5cm吃势，后中缝加一个2cm的活褶，褶长至腰节下1cm，侧缝、袖窿放缝0.5cm，如图8-2所示。

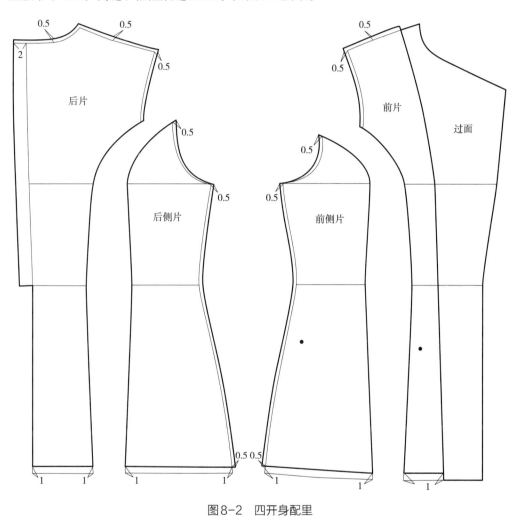

图8-2 四开身配里

三、一片袖配里

另缩袖克夫的一片袖，里板要加长1cm，前、后袖山与袖底线交点袖山起翘1cm，对位点起翘0.5cm，如图8-3所示。

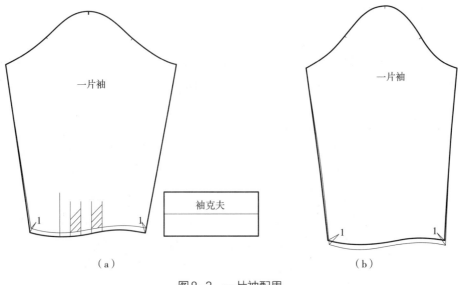

（a）　　　　　　　　　　　　　　（b）

图8-3　一片袖配里

四、两片袖配里

前袖山与偏袖线交点向上起翘1cm，后袖山与袖底线交点袖山起翘0.5cm，袖口长度与面板相同，如图8-4所示。

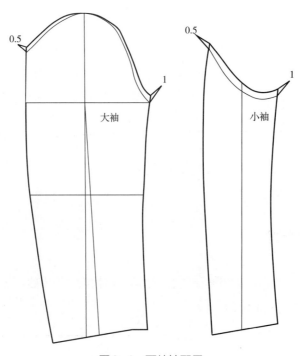

图8-4　两片袖配里

五、两片插肩袖配里

另缂下摆边，两片插肩袖配里，如图8-5所示。

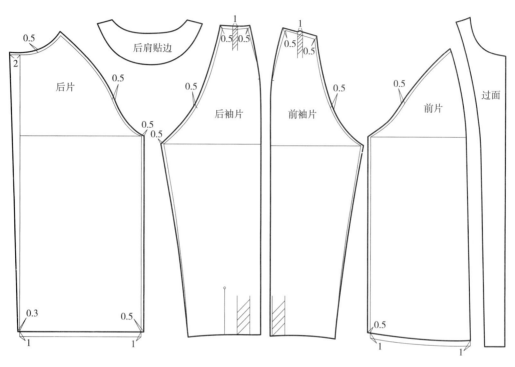

图8-5　两片插肩袖配里

第二节　放缝

一、放缝尺寸

服装的面板、里板放缝尺寸见表8-1。

表8-1　面板、里板放缝尺寸参考表　　　　单位：cm

面板放缝宽度			里板放缝宽度			牵条、绲边	备注
衣片下摆折边	袖口折边	另缂袖克夫	衣片下摆折边	袖口折边	另缂袖克夫、下摆		
2.5	2.5	1				0	衬衫类

面板放缝宽度			里板放缝宽度			牵条、绲边	备注
衣片下摆折边	袖口折边	另绱袖克夫	衣片下摆折边	袖口折边	另绱袖克夫、下摆		
3	3	1	2	2	1	0	化纤上衣类
3.5	3.5	1	2.5	2.5	1	0	化纤上衣类
4	4	1	3	3	1	0	毛呢上衣类

二、四开身八片面板放缝

四开身八片面板的下摆折边放缝3.5cm，其他均放缝1cm，如图8-6所示。

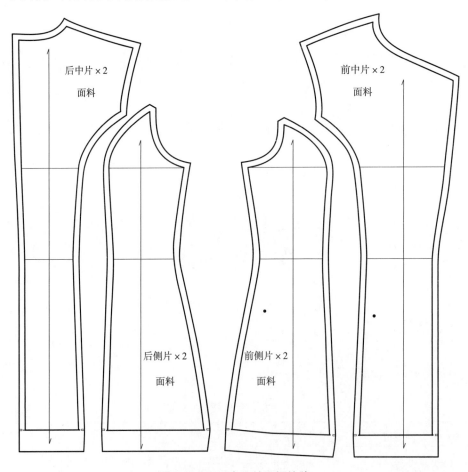

图8-6　四开身八片面板放缝

三、四开身八片里板放缝

四开身八片里板的放缝如图8-7所示。

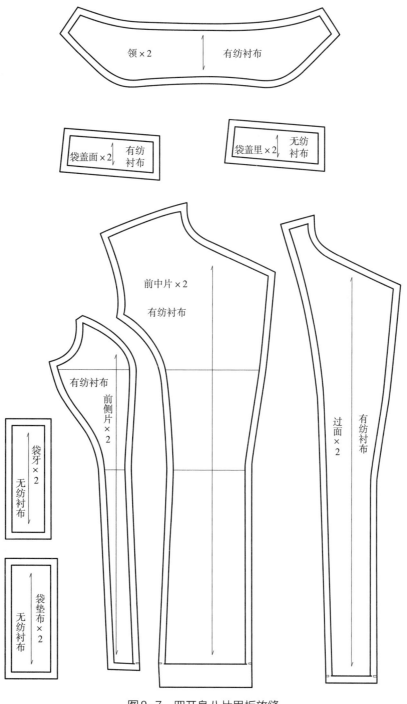

图8-7　四开身八片里板放缝

四、两片袖放缝

袖口折边放缝2.5cm，其他均放缝1cm，如图8-8所示。

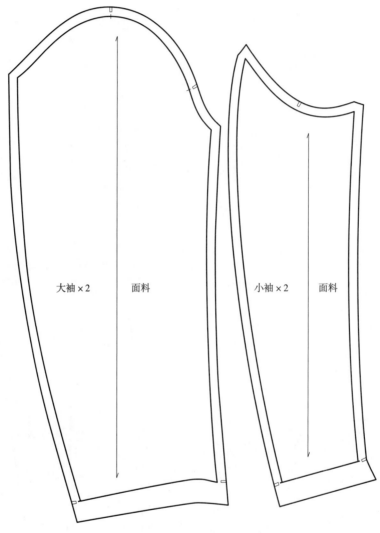

图8-8 两片袖放缝

五、两片插肩袖放缝

袖口放缝2.5cm，其他均放缝1cm，如图8-9所示。

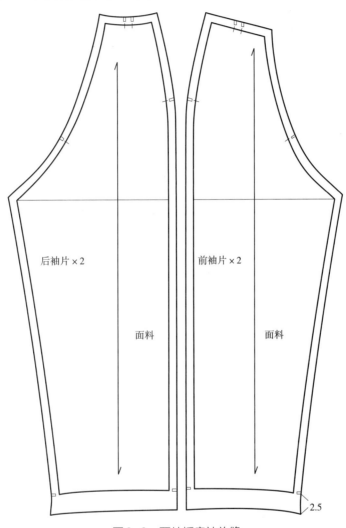

图8-9 两片插肩袖放缝

第九章　通省女装制图

什么叫通省？可以随意转移的省道叫通省。

第一节　女式西服马甲

制作马甲，比较简单，因为马甲的尺寸数据少，没有领子，也没有袖子，制作起来比较简单、易学。现以女子上装160/84A为制图基础数据。

一、尺寸设定

（1）衣长：一般为"号"（身高）的38%左右，160×38%=60.8cm，即设定为60cm，看上去比较短小精悍。

（2）胸围：84*+6（基础松量）=90cm，合体。

（3）腰围：68*+6（基础松量）=74cm，合体。

（4）臀围：84*+4（基础松量）=88cm，合体。

（5）肩宽：39.4*-13.4（收紧量）=26cm，因为无袖，可以适当小一些。

（6）领围：33.6*+3.4（基础松量）=37cm，比较合体。

（7）腰节高：160（号）/4=40cm，40-1（提高腰节）=39cm，是为了避免腰节以上造成面料堆积，腰节高与衣长比例比较美观。

注：凡加"*"号的尺寸，为净尺寸。

以上尺寸是制作服装板型的必备数据，缺一不可，见表9-1、表9-2。

表9-1 西服马甲成品尺寸 单位：cm

尺寸 号/型 部位	衣长（L）	胸围（B）	肩宽（S）	领围（N）	腰节高	腰围（W）	臀围（H）
160/84A	60	90	26	37	39	74	88

表9-2 主要部位比例分配尺寸 单位：cm

序号	部位	比例公式	尺寸	序号	部位	比例公式	尺寸
①	前领口宽	0.2N−0.3	7.1	⑨	前臀围	0.25H+1+1（省量）	24
②	前领口深	0.2N	7.4	①	后领口宽	0.2N	7.4
③	前落肩	设定	21°	②	后领口深	后领宽/3	2.5
④	前肩宽	0.5S−0.5	12.5	③	后落肩	设定	19.5°
⑤	前袖窿深	设定	19	④	后肩宽	0.5S	13
⑥	衣长	L	60	⑤	后胸围	0.25B−0.5+0.3	22.3
⑦	前胸围	0.25B+0.5+0.5	23.5	⑥	后腰围	0.25W−0.5+2（省量）	20
⑧	前腰围	0.25W+0.5+2.5（省量）	21.5	⑦	后臀围	0.25H−1+1（省量）	22

二、西服马甲制图

1. 前、后片制图

（1）因为女子A体前、后腰节高差的设定为1cm，前、后领口宽差计算值为0.35cm，采用值为0.3cm，所以在制图中，使用的前领口宽比后领口宽要小0.3cm。

（2）前落肩设定为21°，后落肩设定为19.5°（女子人体本身前小肩斜度为21°，后小肩斜度为19.5°）。

（3）因为前、后领口宽有差数，所以前肩宽数据也有所调整，需多减0.5cm。

（4）袖窿深是根据服装设计的款式需要而设定的（可根据市场需求加实践经验来设定）。

（5）胸、腰、臀三围的比例分配，前片比后片大1cm，因为女子前面胸高、腹部丰满。

（6）马甲不需要胸宽、背宽比例分配，设计制图线条圆顺，目测无瑕疵即可。

（7）最主要的一点就是臀围收省那部分尺寸要另加，因为这部分的尺寸是灵活的，尺寸一直在变化。

（8）前片起翘8cm，后片起翘修正为7.7cm，这样才能保证前、后侧缝尺寸吻合，便于拼接。具体制图细节尺寸，如图9-1所示。

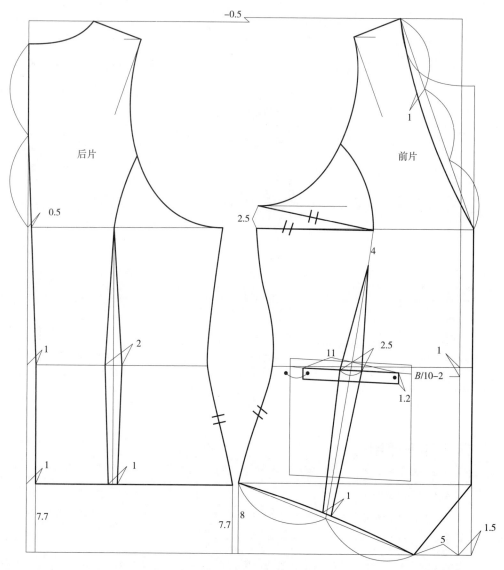

图9-1　女式西服马甲制图

2. 前基础省的省道转移

将基础省合并，转移至袖窿。然后修正省道，前胸围处修正0.5cm，后胸围处修正0.3cm，前片省道下面需要补省。制作袋牙、袋布、垫布及纽扣定位板，如图9-2所示。

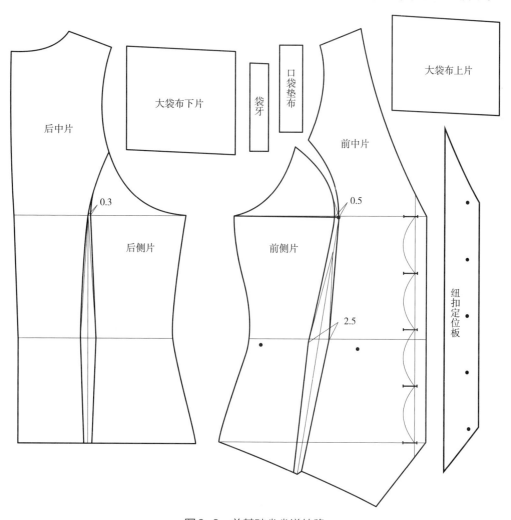

图9-2 前基础省省道转移

3. 里料制图

里料与面料制图相同，将基础省转至腋下即可，如图9-3所示。

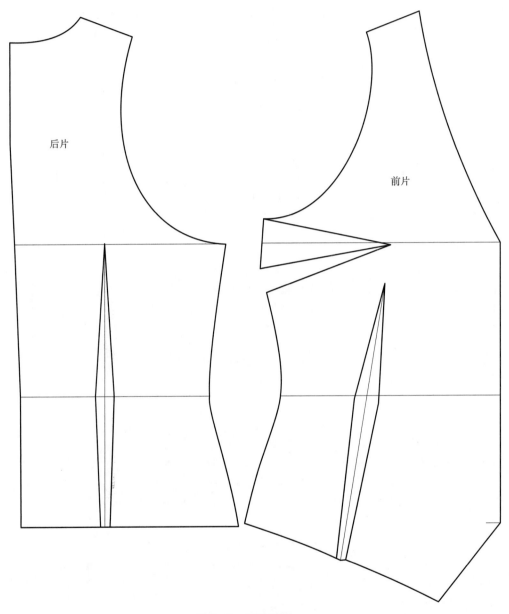

图9-3 里料制图

三、西服马甲制板

1. 里板放缝

里板做整片，腰做省，基础省转腋下省（腋下省改为活褶）。放缝均为1cm，如图9-4所示。

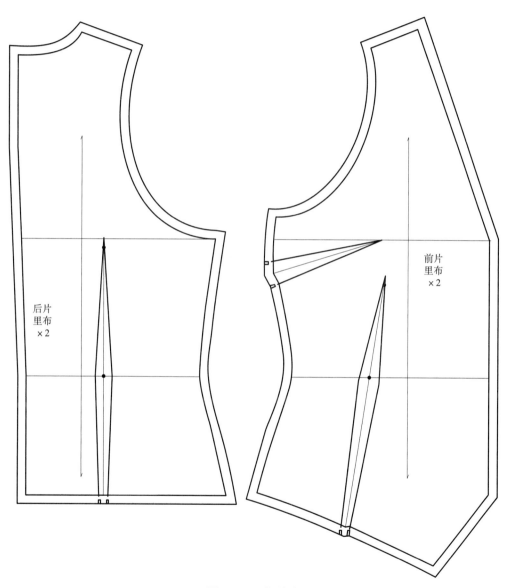

图9-4 里板放缝

2. 面板放缝

面板放缝1cm，袋牙宽度要多放1cm（怕粘衬后变形），袋牙、袋垫布长度要多放一点（一般两头放缝在1.5～2cm），净板放缝0.01cm，如图9-5所示。

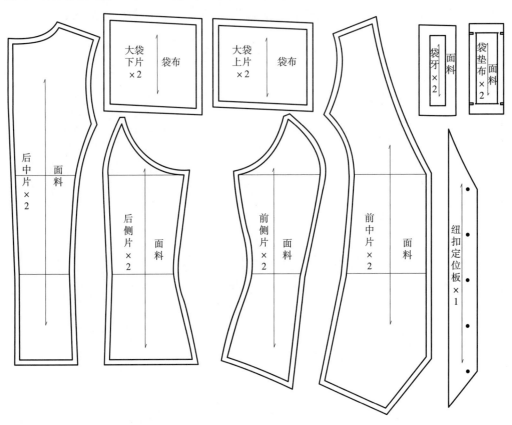

图9-5　面板放缝

第二节　女式时装马甲

（1）采用西服马甲样板直接改成时装马甲样板，这样简单、方便，节省工作时间。

（2）后腰部位可以随意设计各种造型。

（3）前基础省需要做补省处理，如图9-6所示。

（4）前片省道转移，前、后省道修正（里板与面板相同），如图9-7所示。

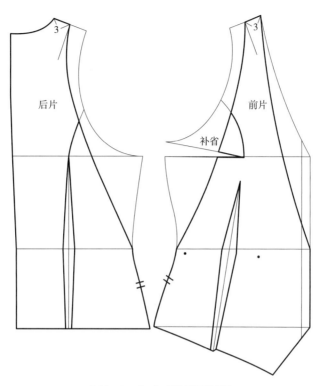

图9-6　女式时装马甲制图

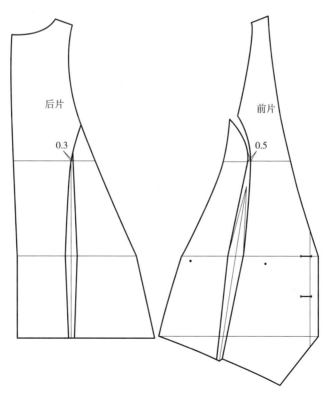

图9-7　省道转移

第三节　女式八片西装

一、尺寸设定

（1）衣长：一般为"号"（身高）的42%左右，160×42%=67.2cm，设定为68cm。

（2）胸围：84*+8（基础松量）=92cm，比较合体。

（3）腰围：68*+8（基础松量）=76cm，比较合体。

（4）臀围：90*+6（基础松量）=96cm，比较合体。

（5）肩宽：39.4*-0.4（收紧量）=39cm，比较合体。

（6）领围：33.6*+3.4（基础松量）=37cm，比较合体，为基础领。然后扩大为41cm的西装翻领。

（7）袖长：50.5*（全臂长）+3.5（随市场流行而定）=54cm。

（8）袖口：16（净腕围）/2=8cm，8+4.5（基础松量）=12.5cm。

（9）腰节高：160（号）/4-1=39cm（实际人体为号/4=40cm）。

（10）臀围高：2/3立裆=17cm，17+40（腰节高）=57cm（立裆为25.5~26cm）。

（11）吃势：根据袖型和面料的特性而定，设定为2.5cm。

（12）垫肩厚度：根据服装款式而定，设定为0.5cm厚。

（13）省道：此款为2.5cm基础省，可转为袖窿省。

注：凡加"*"号的尺寸，为净尺寸。

以上尺寸是制作服装板型的必备数据，缺一不可，见表9-3、表9-4。

表9-3　八片西装成品尺寸 单位：cm

尺寸 号/型 部位	衣长 （L）	胸围 （B）	腰围 （W）	臀围 （H）	肩宽 （S）	领围 （N）	袖长 （SL）	袖口	腰节高	袖窿吃势	垫肩厚
160/84A	68	92	76	96	39	37	54	12.5	39	2.5	0.5

表9-4　主要部位比例分配尺寸　　　　　　　　单位：cm

序号	部位	比例公式	尺寸	序号	部位	比例公式	尺寸
①	前领口宽	$0.2N{-}0.3$	7.1	②	后领口深	后领宽/3	2.5
②	前领口深	$0.2N$	7.4	③	后落肩	设定	17.5°
③	前落肩	设定	19°	④	后肩宽	$0.5S$	19.5
④	前肩宽	$0.5S{-}0.5$	19	⑤	后背宽	$0.19B$	17.5
⑤	前袖窿深	$0.2B{-}1$	17.4	⑥	后胸围	$0.25B{-}0.5{+}0.3$	22.8
⑥	腰节高	号/4−1	39	⑦	后腰围	$0.25W{-}0.5{+}2$	20.5
⑦	臀围高	定数	57	⑧	后臀围	$0.25H{-}1{+}省$	23+省
⑧	衣长	L	68	①	袖山高	前、后袖窿深的5/6	—
⑨	前胸宽	$0.18B$	16.6	②	袖弦高	AH/2+0.3	—
⑩	前胸围	$0.25B{+}0.5{+}0.5$	24	③	袖肥	$0.2B{-}1$	17.4
⑪	前腰围	$0.25W{+}0.5{+}2.5$	22	④	袖肘线	SL/2+4	31
⑫	前臀围	$0.25H{+}1{+}省$	25+省宽	⑤	袖长	SL	54
①	后领口宽	$0.2N$	7.4	⑥	袖口	腕围/2+4.5	12.5

二、八片西装制图

1．前、后衣片制图

前、后衣片制图方法如图9-8所示。

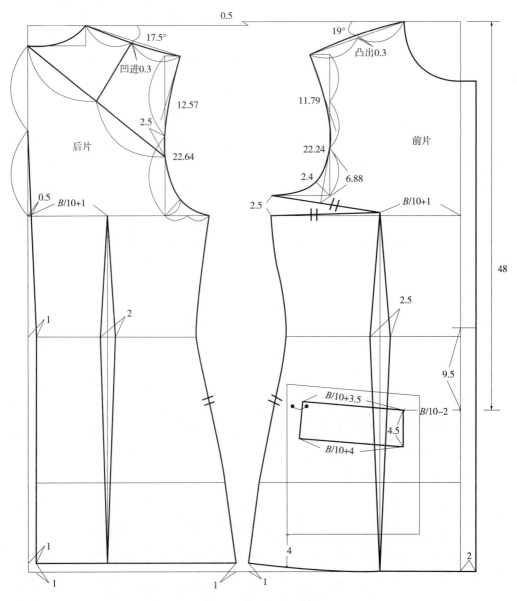

图9-8　前、后衣片制图

2. 前片省道制图

前片省道转移至袖窿省，后片肩展开0.2cm的吃势量，如图9-9所示。

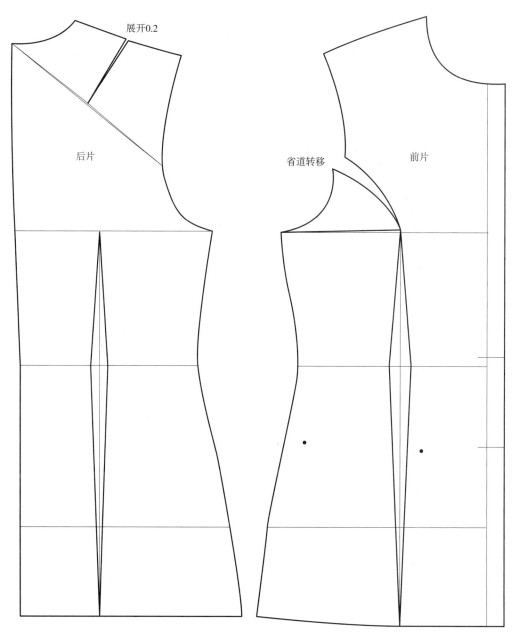

图9-9 前、后片省道制图

前省修掉0.5cm，调节至圆顺，后省修掉0.3cm至圆顺。将基础领口扩大0.8cm制作西装翻领，如图9-10所示。

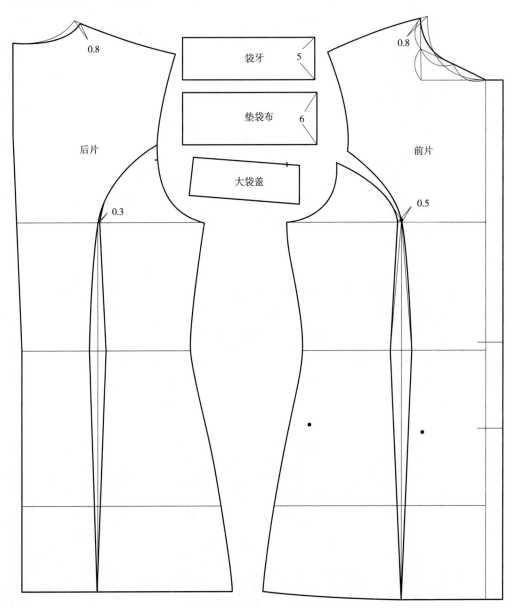

图9-10 调节衣片样板

3. 配领

翻领角度为12°。领驳头宽度、串口角度及造型，根据设计需求而定，如图9-11所示。

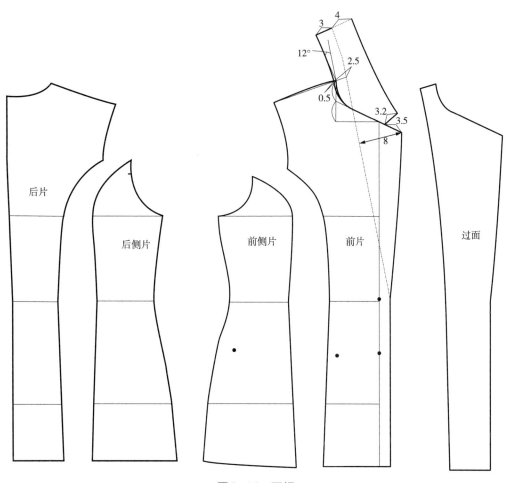

图9-11 配领

4. 配袖

（1）测量计算袖山高：袖山高为前、后袖窿深的5/6，测量前必须将2.5cm的基础省合并，前袖窿弧线的角度为成品角度才正确。经测量，前、后袖窿深为18.84cm，袖山高则为15.7cm（计算值），如图9-12所示。

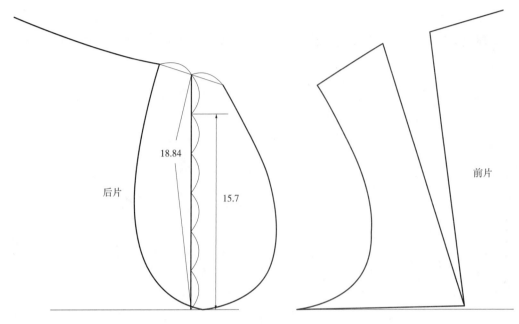

18.84

15.7

后片

前片

图9-12　测量袖山高

（2）两片袖制图要点：设定两片袖吃势为2.5cm。前、后AH测量为44.88cm，则袖山弧线=44.88cm，44.88+2.5=47.38cm。

①袖山高：袖窿深的5/6-1=14.7cm（采用值），袖弦高为44.88/2+0.3=22.74cm。袖山弧线47.38-44.88=2.5cm，吃势袖肥为17.4cm（比较合体）。

②对位点设定：前袖窿对位点为袖窿深的1/3处至胸围=6.88cm，后袖窿对位点为后袖窿深的1/2处向下2.5cm，即7.34cm。

③对位点：在两片袖上设定4个对位点就能满足绱袖的需要，以保证袖子的平衡稳定。袖中线对位点对前、后肩的缝合缝，前袖山对位点对前袖窿对位点，后袖底线缝合缝对后袖窿对位点，小袖底线对位点对前、后侧缝缝合缝。

④2.5cm吃势分配：前袖上部1cm，下部0.25cm；后袖上部1cm，下部0.25cm（袖山上弧线前吃势只能≤后吃势），一般后比前大0.2cm时，袖子比较好看。

⑤借袖：前偏袖借2.5cm，前袖口借1cm；后袖底线借2.5cm，后袖口借1cm（前偏袖一般借2.5～3cm，后袖底线借1.5～2.5cm，后袖口借1～2cm）。

（3）两片袖绘图方法与步骤：

①上平线：从左至右作一条水平线，为上平线。

②大袖袖窿深线：从上平线向下量取前、后袖窿深的5/6-1=14.7cm作一条上平线的平行线，为大袖袖窿深线。

③小袖袖窿深线：大袖袖窿深线向下1cm作一条平行线，为小袖袖窿深线。

④袖肘线：上平线向下量取31cm作一条水平线，为袖肘线。

⑤袖长线：上平线向下量取54cm作一条水平线，为袖长线，也称下平线。

⑥垂直基础线：在右侧再作一条从上至下的垂直基础线。

⑦袖弦高线：小袖袖窿深线与垂直基础线交点A点向左上画一条AH/2+0.3=22.74cm的斜线，与上平线相交于B点，A—B为袖弦高。

⑧袖肥线：从B点向下作垂直线，与小袖袖窿深线相交于点C，A—C为袖肥线。从袖肥线两端分别向外量取2.5cm作大袖片的实际袖肥线，向里2.5cm作小袖片的实际袖肥线。

⑨袖中线：取A—C的中点作垂直线，为袖中线。

⑩前袖山弧高点：大袖袖窿深线向上量取6.88cm作前袖山高度定位点D，连接上平线与袖中线交点E作一条斜线，再在上平线与垂直基础线交点作45°连接斜线，将斜线分为三等份，取三分之一设为点F作为前袖山弧高点。

⑪后袖山弧高点：将B—C分成五等份，取上端的五分之二设为H点，连接H点和E点作一条斜线，再在上平线与垂直基础线交点作45°连接斜线，将斜线分为四等份，取四分之一设为点I作为后袖山弧高点。

⑫袖山弧线：取B—C五等份的中间一份并分为二分之一设为点G，过点G作水平线作为大、小袖外线的高度点，大袖线向内0.3cm，小袖线向内1cm。然后用线连接这些点作袖山弧线（袖山弧线=袖窿弧线+吃势）。

⑬袖中线与下平线的交点向右2.5cm为实际袖长线，向下0.5cm为袖口高度点，将这两个点连接为一条斜线作为大袖袖口线，连接至偏袖线向右1cm处，然后再向左12.5cm作为基础袖口点，大袖向左1cm，小袖向右1cm，然后用弧线连接袖肥线，大袖前袖线向右1cm，向下0.15cm用弧线连接袖肘线向内0.5cm再连接14.7cm与前袖线的交点；小袖前袖线向右1cm，用弧线连接袖肘线向内0.5cm再连接14.7cm与前袖线的交点。

注：大袖外袖线要比小袖外袖线长0.3cm作为吃势。

⑭袖口斜线：袖中线与下平线的交点向前偏移2.5cm为实际袖长线，原袖中线向下0.5cm与偏移的2.5cm连接至前偏袖线向右1cm为袖口斜线。

⑮袖肘线：在袖肘线的大、小袖前袖缝和前偏袖缝处均凹进0.5cm，后袖缝则向外作弧线连接并画圆顺。

⑯小袖深弧线：小袖后袖底线上部向内撇1cm，前端起翘1cm，如图9-13所示。

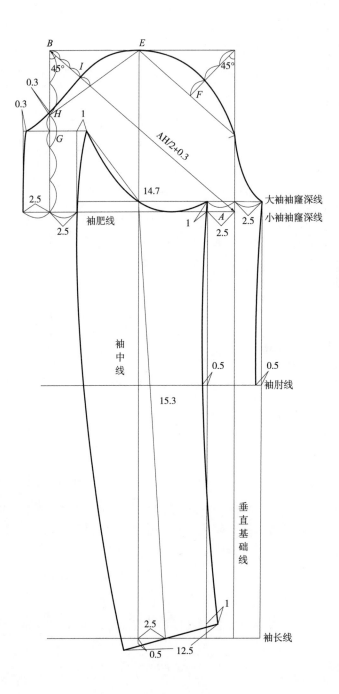

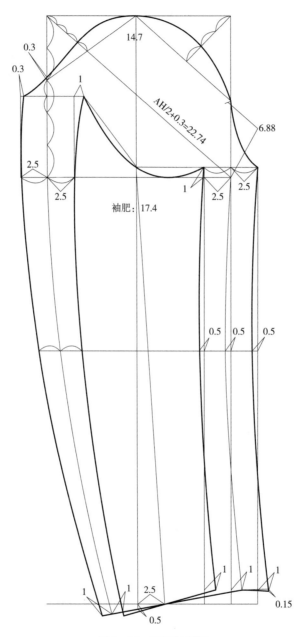

图9-13　两片袖制图

三、八片西装制板

1. 里板制作

前后袖窿、侧缝增加0.5cm松量，后中缝增加2cm活褶量，底边减1cm（过面缝合处减0.5cm），如图9-14所示。

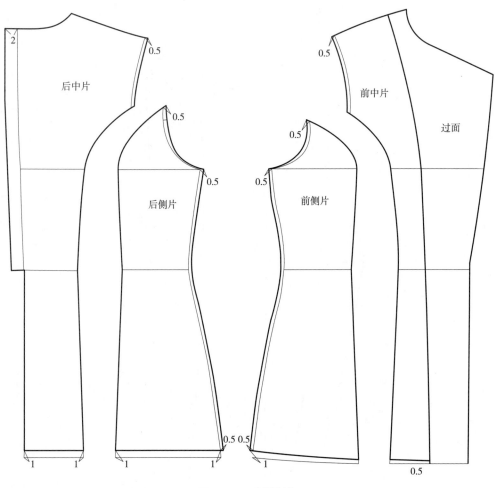

图9-14 里板制作

2. 放缝

（1）里板放缝：

①衣身里板放缝：底边放缝2.5cm，其他部位放缝1cm，如图9-15所示。

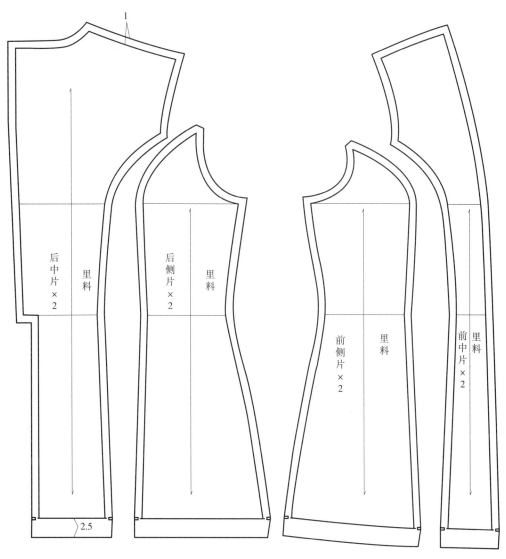

图9-15　衣身里板放缝

②袖里板放缝：袖口放缝2.5cm，其他部位放缝1cm，如图9-16所示。

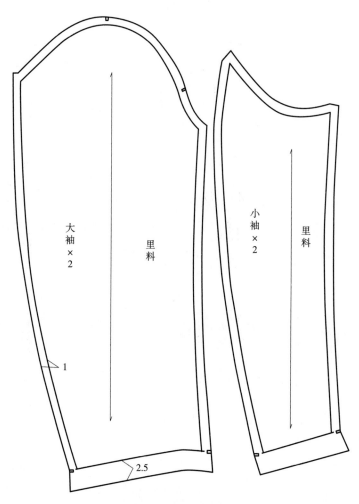

图9-16　袖里板放缝

（2）面板放缝：

①衣身面板放缝：底边放缝3.5cm，其他部位放缝1cm，如图9-17所示。

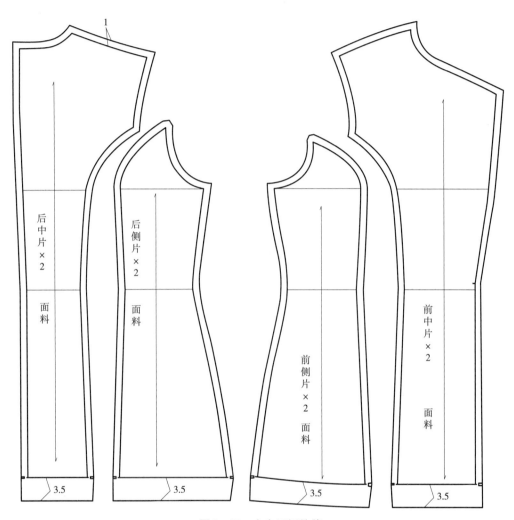

图9-17　衣身面板放缝

②袖面板放缝：袖口放缝3.5cm，其他部位放缝1cm，如图9-18所示。

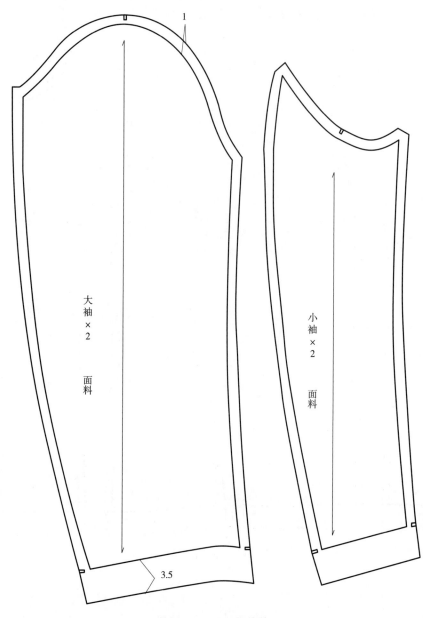

图9-18　袖面板放缝

3．衬布制板及放缝

前中片、过面、领、袋盖、垫袋布、袋牙的衬布板与面板相同，前侧片底边要窄一点，有4cm宽就够用了。前中片底边放缝2.5cm，其他部位放缝1cm，如图9-19所示。

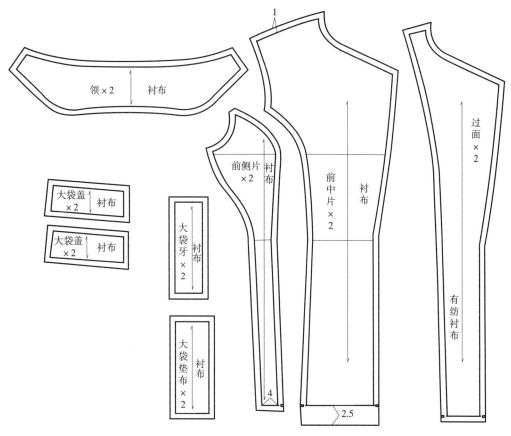

图9-19 衬布制板及放缝

第四节 女式插肩袖上衣

一、尺寸设定

（1）衣长：一般为"号"（身高）的42%左右，160×42%=67.2cm，设定为68cm。

（2）胸围：84*+8（基础松量）=92cm，比较合体。

（3）腰围：68*+8（基础松量）=76cm，比较合体。

（4）臀围：90*+6（基础松量）=96cm，比较合体。

（5）肩宽：39.4*-0.4（收紧量）=39cm，比较合体。

（6）领围：33.6*+3.4（基础松量）=37cm，比较合体。

（7）袖长：50.5*（全臂长）+3.5（随市场流行而定）=54cm。

（8）袖口：16*/2=8cm，8+4.5（基础松量）=12.5cm。

（9）腰节高：160（号）/4=40cm，40-1（提高腰节）=39cm，避免腰节以上造成面料堆积，腰节高与衣长比例比较美观。

（10）吃势：根据袖型和面料的特性而定，设定为2.5cm。

（11）垫肩厚度：根据服装款式而定，暂定0.5cm厚。

（12）省转移：此款的2.5cm腋下省转袖窿省。

注：凡加"*"号的尺寸，为净尺寸。

以上尺寸是制作服装板型的必备数据，缺一不可，见表9-5、表9-6。

表9-5　插肩袖上衣成品尺寸　　　　　　　　　　　　单位：cm

部位 尺寸 号/型	衣长（L）	胸围（B）	腰围（W）	臀围（H）	肩宽（S）	领围（N）	袖长（SL）	袖口	腰节高	袖窿吃势	垫肩厚
160/84A	68	92	76	96	39	37	54	12.5	39	2.5	0.5

表9-6　主要部位比例分配尺寸　　　　　　　　　　　　单位：cm

序号	部位	比例公式	尺寸	序号	部位	比例公式	尺寸
①	衣长	L	68	④	后肩宽	0.5S	19.5
②	前落肩	设定	19°	⑤	后背宽	0.19B	17.5
③	前袖窿深	0.2B-1	17.4	⑥	后胸围	0.25B-0.5+0.3	22.8
④	前领口宽	0.2N-0.3	7.1	⑦	后腰围	0.25W-0.5+2（省量）	20.5
⑤	前领口深	0.2N	7.4	⑧	后臀围	0.25H-1+省	23+省
⑥	前肩宽	0.5S-0.5	19	①	前袖角度	设定	17°
⑦	前胸宽	0.18B	16.6	②	后袖角度	设定	15.5°
⑧	前胸围	0.25B+0.5+0.5	24	③	袖长	L	54
⑨	前腰围	0.25W+0.5+2.5（省量）	22	④	袖山高	0.1B+3	12.2
⑩	前臀围	0.25H+1+省	25+省	⑤	前袖肥	0.2B-1-0.65	16.8
①	后领口宽	0.2N	7.4	⑥	后袖肥	0.2B-1+0.65	18.1
②	后领口深	后领口宽/3	2.5	⑦	前袖口	0.1B+3.3-0.65	11.85
③	后落肩	设定	17°	⑧	后袖口	0.1B+3.3+0.65	13.15

二、插肩袖上衣制图

（1）衣身制图：制作基础图，如图9-20所示。

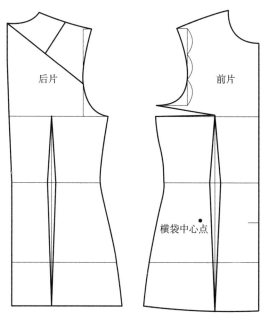

图9-20 衣身制图

（2）调整衣身：后肩展开0.2cm吃势，口袋对位点向后移位一个省量，如图9-21所示。

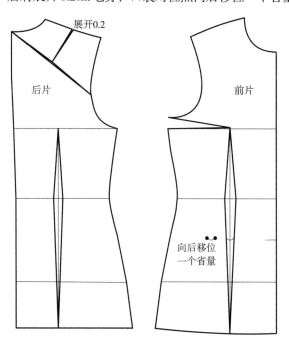

图9-21 调整衣身

（3）插肩袖制图如图9-22所示。

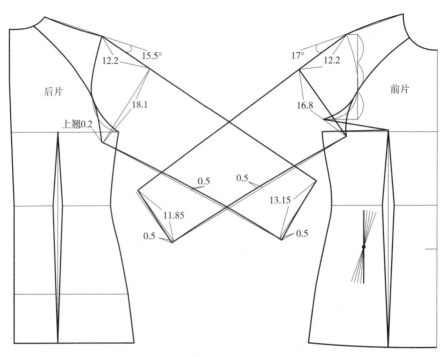

图9-22　插肩袖制图

（4）插肩袖制图方法：圆顺袖肩点，前基础省转移至袖窿。

插肩袖上衣的衣身前、后片制图与两片袖上衣的制图相同，其主要变化在袖子上，如图9-23所示。插肩袖的袖子高低由角度来确定，角度越大，袖子越合体，活动功能越差。前领口设定5cm与胸宽线的1/3处画弧线，后领口设定3cm与背宽线的1/3处画弧线。袖子的角度是以斜肩线为基础来设定的，例如，前袖角度设定为19°时，后袖角度设定为17°，因为后衣片肩部的需求量要大一些，一般前、后袖角度相差1.5°左右。袖山高设定为0.1B+3cm比较合体，袖山越高，袖肥越瘦，尺寸设定根据款式的需求可以调节。袖肥设定为0.2B-1cm为合体基础比例，在制图过程中还要进行加减，因为后片的需求量要大一些，本款设定为加减0.65cm。绘制前、后插角线时，袖子一定要比衣身多加0.25cm的吃势。袖口为：前袖口-0.65cm，后袖口+0.65cm。袖口下角向外撇出0.5cm，袖底线凹进0.5cm。一般绘制袖底线，后袖片要比前袖片大0.2cm吃势，这样便于加工。最后做前、后袖片的修角处理。

（5）分开裁片：将裁片分开，如图9-24所示。

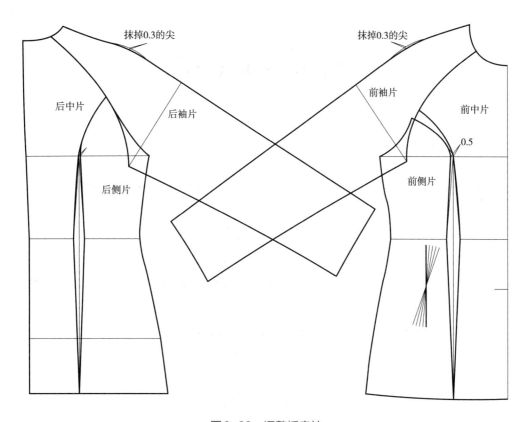

图9-23 调整插肩袖

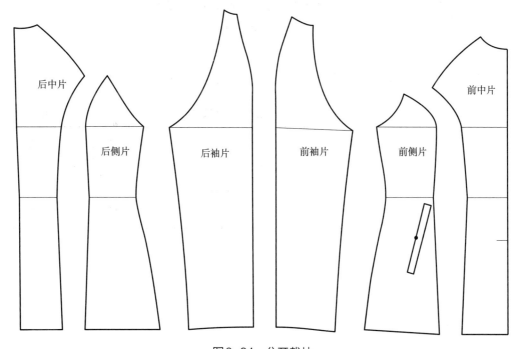

图9-24 分开裁片

第五节　女裙式大衣

一、尺寸设定

（1）衣长：一般为"号"（身高）的65%左右，160×65%=104cm，设定为104cm。

（2）胸围：84*+10（基础松量）=94cm，比较合体。

（3）腰围：68*+12（基础松量）=80cm，比较合体。

（4）肩宽：39.4*−0.4（收紧量）=39cm，比较合体。

（5）领围：33.6*+3.4（基础松量）=37cm，比较合体，为基础领。然后扩大为41cm的西装翻领。

（6）袖长：50.5*（全臂长）+5.5（随市场流行而定）=56cm。

（7）袖口：16*/2=8cm，8+5.5（基础松量）=13.5cm。

（8）腰节高：160（号）/4−1=39cm。

（9）吃势：根据袖型和面料的特性而定，设定为2.5cm。

（10）垫肩厚度：根据服装款式而定，设定为0.5cm厚。

（11）腋下省：根据女子乳房的高度而定，160/84A一般设定为2.5cm。

（12）省转移：此款的2.5cm基础省，可转成肩省。

注：凡加"*"号的尺寸，为净尺寸。

以上尺寸是制作服装板型的必备数据，缺一不可，见表9-7、表9-8。

表9-7　裙式大衣成品尺寸　　　　　　　　　　　单位：cm

尺寸 号/型	衣长 （L）	胸围 （B）	腰围 （W）	肩宽 （S）	领围 （N）	袖长 （SL）	袖口	腰节高	袖窿吃势	垫肩厚
160/84A	104	94	80	39	37	56	13.5	39	2.5	0.5

表9-8 主要部位比例分配尺寸　　　　　　　　　　单位：cm

序号	部位	比例公式	尺寸	序号	部位	比例公式	尺寸
①	前领口宽	$0.2N-0.3$	7.1	③	后落肩	设定	17.5°
②	前领口深	$0.2N$	7.4	④	后肩宽	$0.5S$	19.5
③	前落肩	设定	19°	⑤	后背宽	$0.19B$	17.9
④	前肩宽	$0.5S-0.5$	19	⑥	后胸围	$0.25B-0.5+0.3$	23.3
⑤	前袖窿深	$0.2B$	18.8	⑦	后腰围	$0.25W-0.5+2$（省量）	21.5
⑥	衣长	L	104	①	袖山高	前、后袖窿深的 $5/6-1$	—
⑦	前胸宽	$0.18B$	16.9	②	袖弦高	$AH/2+0.3$	—
⑧	前胸围	$0.25B+0.5+0.5$	24.5	③	袖肥	$0.2B-1.5$	17.3
⑨	前腰围	$0.25W+0.5+2.5$（省量）	23	④	袖肘线	$L/2+4$	32
①	后领口宽	$0.2N$	7.4	⑤	袖长	L	56
②	后领口深	后领口宽$/3$	2.5	⑥	袖口	腕围$/2+5.5$	13.5

二、裙式大衣制图

（1）衣片制图如图9-25所示。

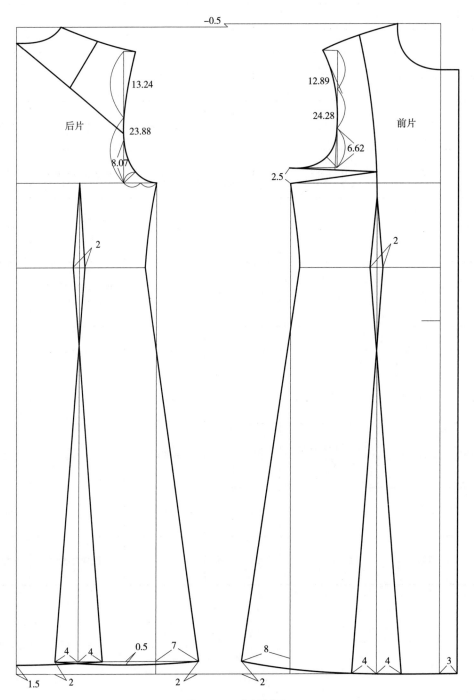

图9-25　衣片制图

（2）省转移：后肩展开1.2cm省，前基础省转肩省，将前、后省线修圆顺，如图9-26所示。

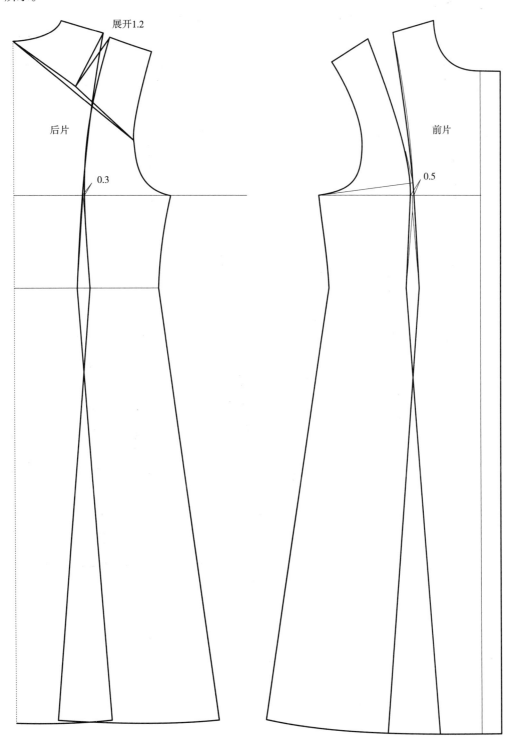

图9-26　省转移

（3）分开裁片：将裁片分开，如图9-27所示。

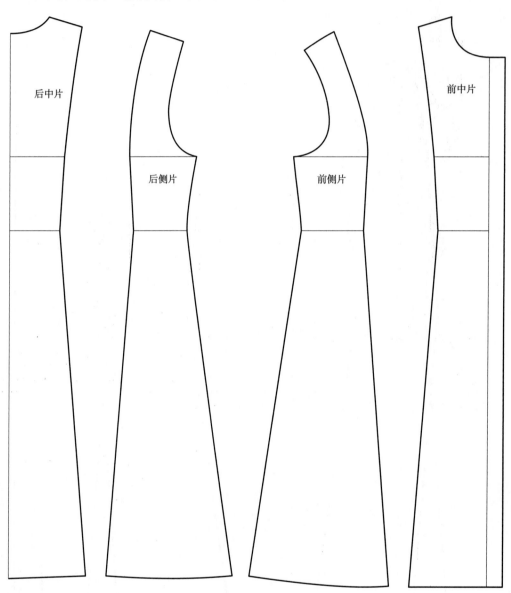

图9-27 分开裁片

（4）测量袖山高：如图9-28所示，测量AH=48.16cm。

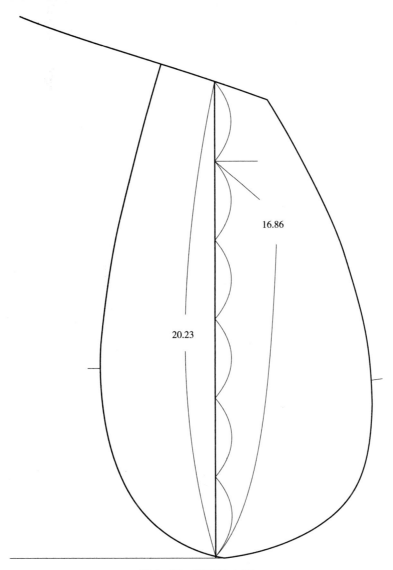

图9-28　测量袖山高

（5）实际袖片袖山高：16.86-1.5=15.4cm；袖弦高为 AH/2+0.3=24.38cm，吃势为2.5cm，袖山弧线长为 AH+2.5=50.66cm，如图9-29所示。

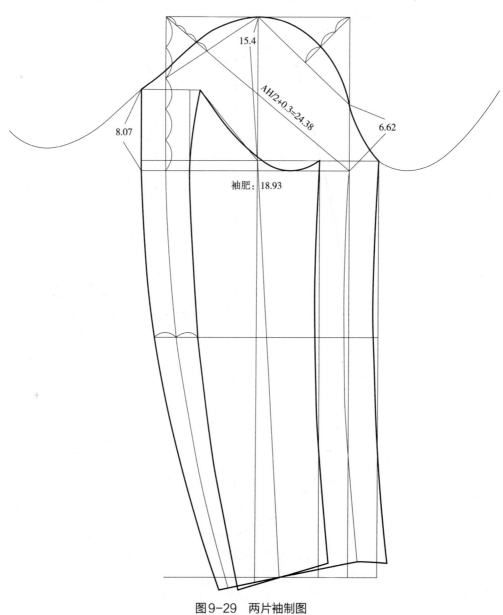

图9-29　两片袖制图

第六节　女式中长羽绒服

一、尺寸设定

（1）衣长：一般为"号"（身高）的55%左右，160×55%=88cm，设定为88cm（包括冲绒回缩量2～2.5cm）。

（2）胸围：84*+14（基础松量，包括冲绒回缩量）=98cm，比较合体。

（3）腰围：68*+18（基础松量，包括冲绒回缩量）=86cm，比较合体。

（4）臀围：90*+12（基础松量，包括冲绒回缩量）=102cm，比较合体。

（5）肩宽：39.4*+0.6（基础松量）=40cm，比较合体。

（6）领围：33.6*+3.4（基础松量）=37cm，比较合体，为基础领。然后扩大为45cm的立领。

（7）袖长：50.5*（全臂长）+9.5cm（随市场流行而定）=60cm。

（8）袖口：16*/2+6（基础松量）=14cm。

（9）腰节高：160（号）/4=40cm，包括冲绒回缩量1cm。

（10）吃势：根据袖型和面料的特性而定，设定为1.5cm。

（11）腋下省：根据女子乳房的高度而定，一般设定为2.5cm，可转成袖窿省。

（12）臀围高：2/3立裆（立裆为25.5～26cm）=17cm，17+40（腰节高）=57cm，57+1.5（冲绒回缩量）=58.5cm。

注：凡加"*"号的尺寸，为净尺寸。

以上尺寸是制作服装板型的必备数据，缺一不可，见表9-9、表9-10。

表9-9　中长羽绒服成品尺寸　　　　　　　　　　　　单位：cm

尺寸 号/型	衣长（L）	胸围（B）	腰围（W）	臀围（H）	肩宽（S）	领围（N）	袖长（SL）	袖口	腰节高	袖山吃势
160/84A	88	98	86	102	40	37	60	14	40	1.5

表9-10 主要部位比例分配尺寸　　　　　　单位：cm

序号	部位	比例公式	尺寸	序号	部位	比例公式	尺寸
①	前领口宽	$0.2N-0.3$	7.1	③	后落肩	设定	18.5°
②	前领口深	$0.2N$	7.4	④	后肩宽	$0.5S$	20
③	前落肩	设定	20°	⑤	后背宽	$0.19B$	18.6
④	前肩宽	$0.5S-0.5$	19.5	⑥	后胸围	$0.25B+0.3$	24.8
⑤	前袖窿深	$0.2B$	19.6	⑦	后腰围	$0.25W+2$（省量）	23.5
⑥	衣长	L	88	①	后臀围	$0.25H+$省	25.5+省
⑦	前胸宽	$0.18B$	17.6	②	袖山高	前、后袖窿深× $5/6-1$	—
⑧	前胸围	$0.25B+0.5$	25	③	袖弦高	AH/2	—
⑨	前腰围	$0.25W+2$（省量）	23.5	④	袖肥	$0.2B$	—
⑩	前臀围	$0.25H+$省	25.5+省	⑤	袖肘线	SL/2+4	34
①	后领口宽	$0.2N$	7.4	⑥	袖长	SL	60
②	后领口深	后领口宽/3	2.5	⑦	袖口	腕围/2+6	14

二、中长羽绒服制图

（1）衣片制图：使用 B 为98cm的基础板直接制作前、后片的图纸。衣长加长，臀围加大，前门襟减掉拉链宽/2=0.8cm，如图9-30所示。

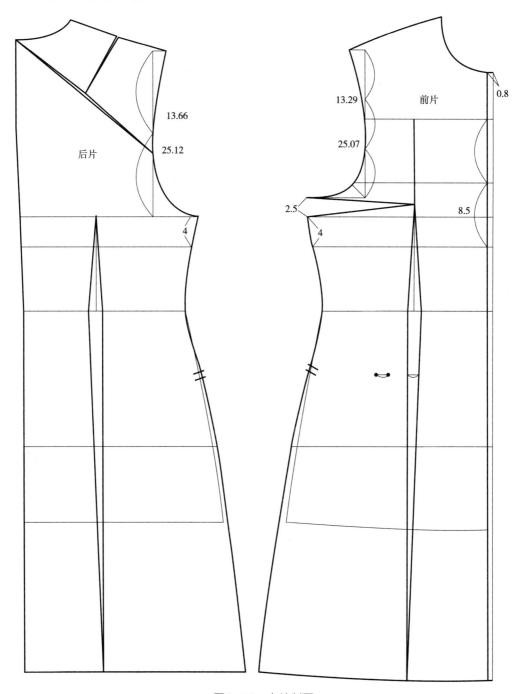

图9-30　衣片制图

（2）调整：领围扩大到45cm；前、后过肩剪断，基础省转半肩省，修省道；确定袋位，分冲绒格，画出过面及袋布，如图9-31所示。

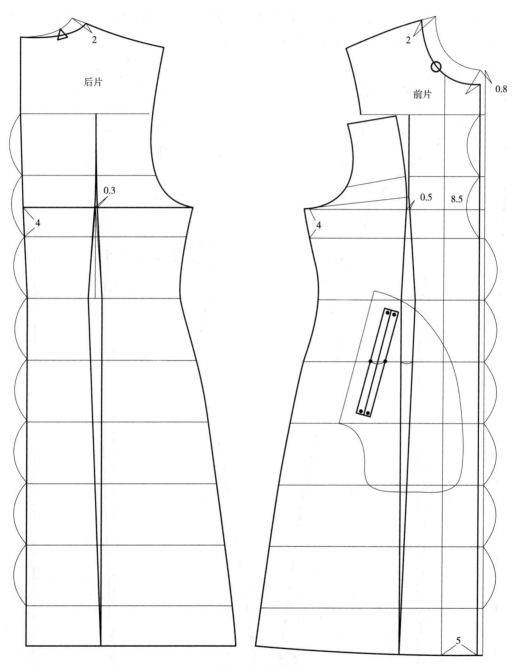

图9-31　调整

（3）袖子、立领、前门襟制图：经测量计算，袖山高设定为15.5cm，袖山吃势为1.5cm。袖口偏移量为后袖肥－前袖肥＝0.45cm，1.3－0.45＝0.85cm，0.85/2＝0.43cm。前门襟长度－2.5cm。领子设计为直立领，如图9-32所示。

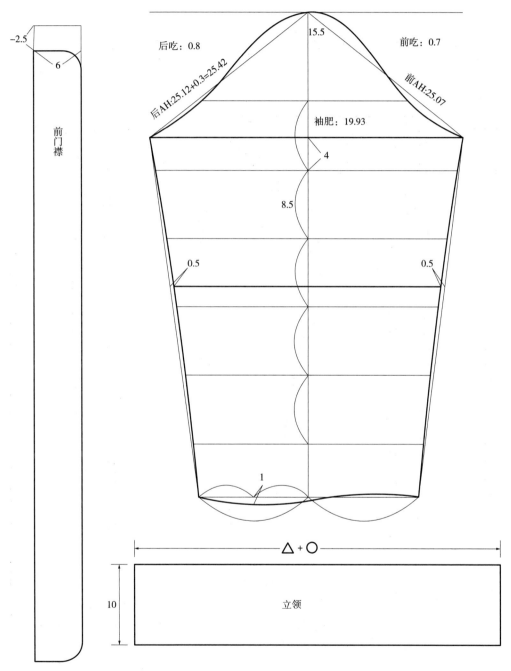

图9-32　袖子、立领、前门襟制图

三、中长羽绒服制板

（1）衣片面板放缝：底边放缝3.5cm，其他部位放缝均为1cm，如图9-33所示。

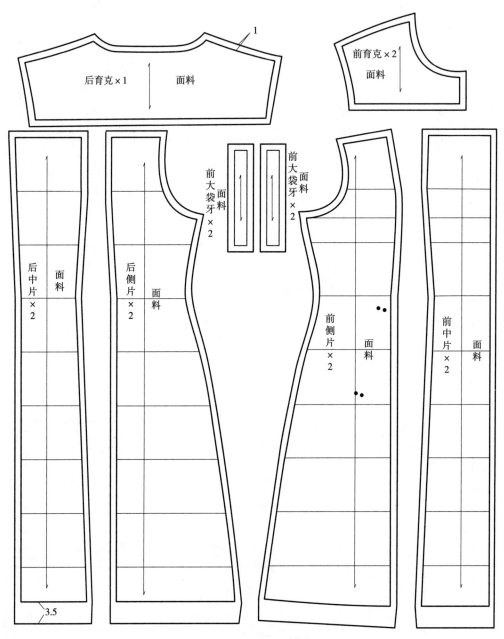

图9-33 衣片面板放缝

（2）袖子、立领、前门襟面板放缝：袖口放缝3.5cm，其他部位放缝均为1cm，如图9-34所示。

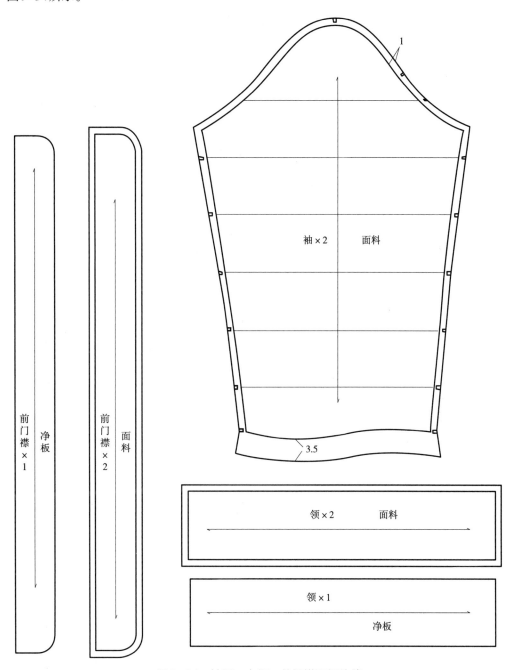

图9-34 袖子、立领、前门襟面板放缝

（3）里板制板：使用面板直接推放里板，下摆后中减去3cm，过面下摆拼合处减去0.5cm，侧缝直接画圆顺即可；肥瘦不用加量（因为成品羽绒服会回缩），衣片改整片，收腰省，基础省转腋下省（腋下省改为活褶），如图9-35所示。

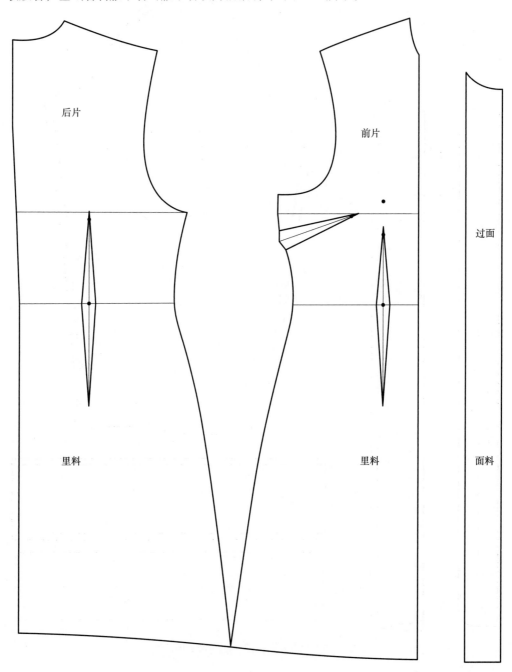

图9-35 里板制板

（4）里板放缝：里板底边放缝2.5cm，其他部位放缝均为1cm，如图9-36所示。

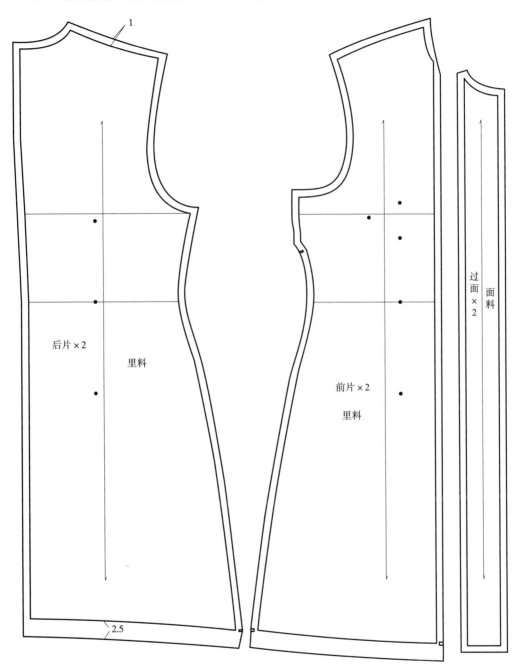

图9-36　里板放缝

（5）袖里板、口袋放缝：袖口放缝2.5cm，其他部位放缝均为1cm，如图9-37所示。

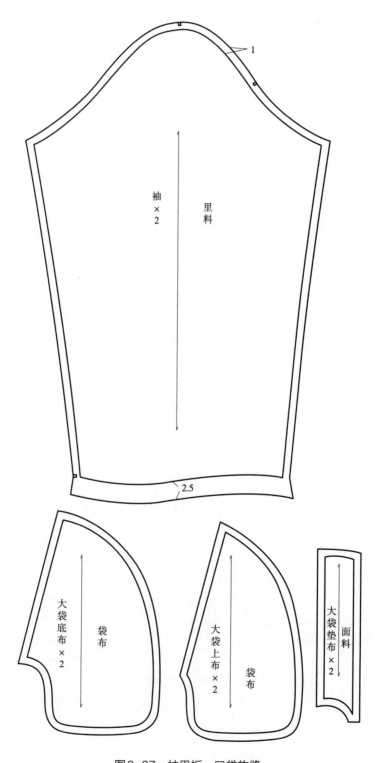

图9-37　袖里板、口袋放缝

第十章 盲省女装制图

不可转移的省称为盲省。

第一节 女式衬衫

一、尺寸设定

（1）衣长：一般为"号"（身高）的42%左右，160cm×42%=67.2cm，设定为68cm。

（2）胸围：84*+8（基础松量）=92cm，比较合体。

（3）腰围：68*+8（基础松量）=76cm，比较合体。

（4）臀围：90*+6（基础松量）=96cm，比较合体。

（5）肩宽：39.4*-0.4（收紧量）=39cm，比较合体。

（6）领围：33.6*+3.4（基础松量）=37cm，比较合体。

（7）袖长：50.5*（全臂长）+3.5（随市场流行而定）=54cm。

（8）袖口：净腕围：16*/2+2（基础松量）=10cm。

（9）腰节高：160（号）/4-1=39cm（实际人体为号/4=40cm）。

（10）臀围高：2/3立裆（立裆为25.5~26cm）=17cm，17+40=57cm。

（11）袖窿吃势：根据袖型和面料的特性而定，设定为1.5cm。

（12）无垫肩。

（13）腋下省：根据女子胸高度而定，160/84A一般设定为2.5cm，直接制作，不能转移。

注：凡加"*"号的尺寸，为净尺寸。

以上尺寸是制作服装板型的必备数据，缺一不可，见表10-1、表10-2。

表10-1 衬衫成品尺寸　　　　　单位：cm

尺寸 号/型 部位	衣长 （L）	胸围 （B）	腰围 （W）	臀围 （H）	肩宽 （S）	领围 （N）	袖长 （SL）	袖口	腰节高	袖窿吃势
160/84A	68	92	76	96	39	37	54	10	39	1.5

表10-2 主要部位比例分配尺寸　　　　　单位：cm

序号	部位	比例公式	尺寸	序号	部位	比例公式	尺寸
①	衣长	L	68	③	后落肩	设定	19.5°
②	前落肩	设定	21°	④	后肩宽	$0.5S$	19.5
③	前袖窿深	$0.2B-1.5$	16.9	⑤	后背宽	$0.19B$	17.5
④	前领口宽	$0.2N-0.3$	7.1	⑥	后胸围	$0.25B-0.5$	22.5
⑤	前领口深	$0.2N$	7.4	⑦	后腰围	$0.25W-0.5+2$（省量）	20.5
⑥	前肩宽	$0.5S-0.5$	19	⑧	后臀围	$0.25H-0.5$	23.5
⑦	前胸宽	$0.18B$	16.6	①	袖长	SL-5	49
⑧	前胸围	$0.25B+0.5$	23.5	②	袖山高	0.29AH	
⑨	前腰围	$0.25W+0.5+2.5$（省量）	27	③	前袖弦高	前AH	
⑩	前臀围	$0.25H+0.5$	24.5	④	后袖弦高	后AH+0.3	
①	后领口宽	$0.2N$	7.4	⑤	袖肥	$0.2B-0.6$	17.8
②	后领口深	1/3后领口宽	2.5	⑥	袖口	$0.1B+1$	10

二、衬衫制图

（1）衣片制图：袖窿实际弧线比基础弧线长0.5cm，然后做顺，前对位点向下移位0.5cm，如图10-1所示。

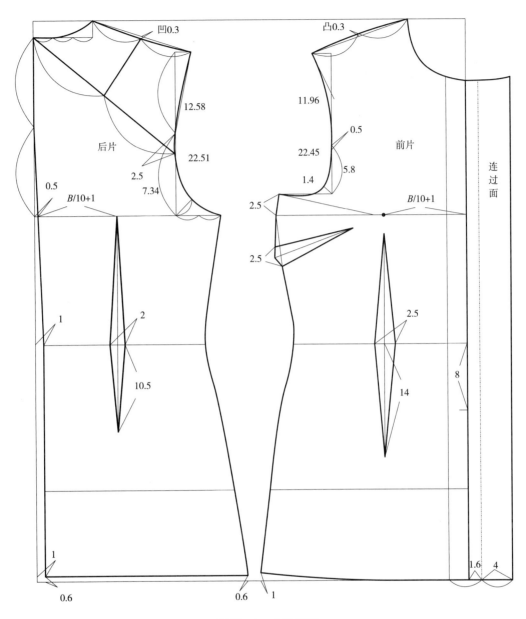

图10-1　衣片制图

盲省的省道分配比例，见表10-3。

表10-3　女上装A体型基础腰部省道分配比例　　　　　单位：cm

名称	后中缝省道	后省道	后侧缝省道	前侧缝省道	前省道	胸腰差
A体型	1	2	1.5	1.5	2.5	16/2+0.5=8.5

（2）调整：后片肩部展开0.2cm的吃势量，如图10-2所示。

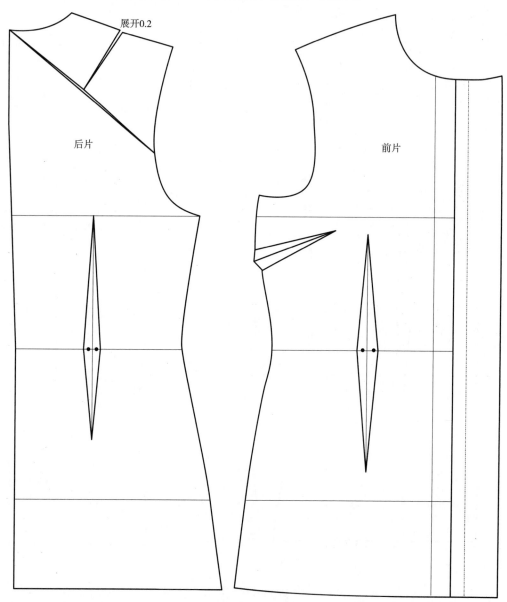

图10-2　调整

（3）配领：领型为翻立领，分翻领和领底，翻领4.2cm宽（俗称大领），领底3cm宽（俗称小领），一般翻领与领底的宽度相差1.2cm左右，先按N/2的尺寸制作领座，然后修正领底长度，因为成品领线为弧线，弧线比直线要长一些，翻领不用修正，翻领正好比领底大一点可作为吃势。

（4）纽扣定位板：制作纽扣定位板时，要添加领底圆头宽度的二分之一尺寸，因为翻立领衬衫上的第一粒纽扣是在领底上的，如图10-3所示。

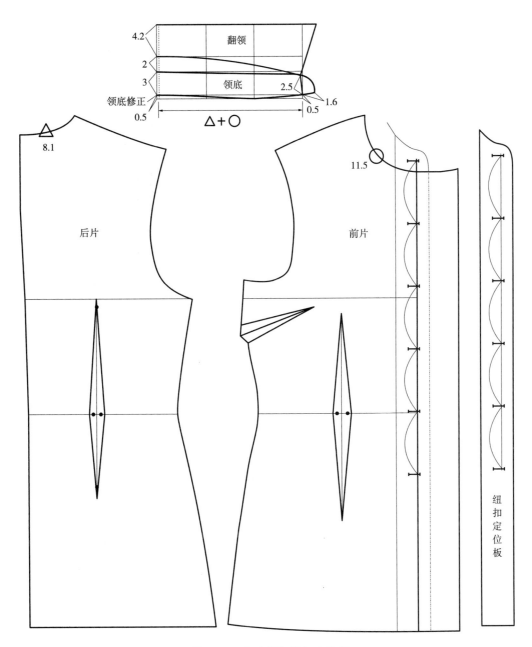

图 10-3　翻立领与纽扣定位板

（5）衬衫袖：衬衫为一片袖，袖山高经测量计算设定为 14cm，前袖弦高 = 前 AH，后袖弦高 = 后 AH+0.3cm，袖肥根据设计要求与袖山高互相配合调整，袖口 = 袖口 +1（搭门）+2.5（褶）=13.5cm，袖头 = 袖口 ×2+2（搭门），后袖口开衩 9cm，并下落 1cm 做袖口弧线，后袖衩包条宽为 0.8 ~ 1cm，如图 10-4 所示。

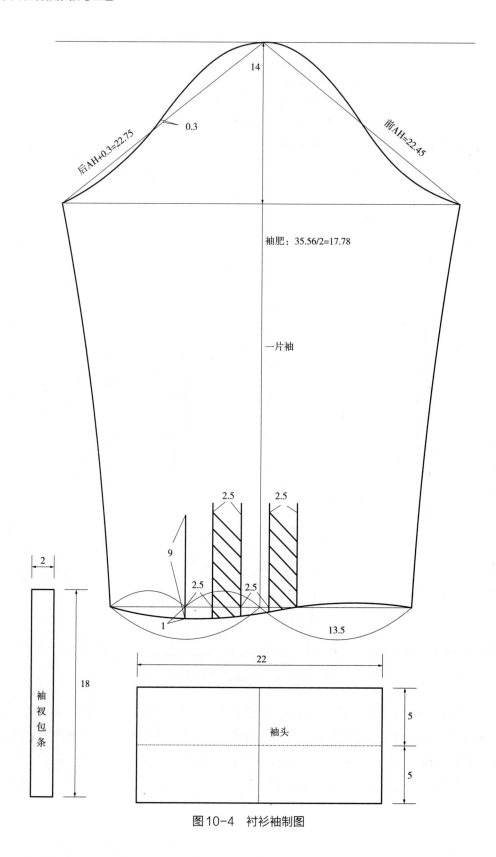

14

0.3

后AH+0.3=22.75

前AH=22.45

袖肥：35.56/2=17.78

一片袖

2.5   2.5

9

2.5   2.5

1

13.5

2

袖衩包条

18

22

袖头

5

5

图10-4　衬衫袖制图

第二节 女式旗袍

一、尺寸设定

（1）衣长：一般为"号"（身高）的80%左右，160×80%=128cm，设定为128cm。

（2）胸围：84*+8（基础松量）=92cm，比较合体。

（3）腰围：68*+8（基础松量）=76cm，比较合体。

（4）臀围：90*+6（基础松量）=96cm，比较合体。

（5）肩宽：39.4*−0.4（收紧量）=39cm，比较合体。

（6）领围：33.6*+3.4（基础松量）=37cm，比较合体。

（7）袖长：50.5*（全臂长）+2.5（随市场流行而定）=53cm。

（8）袖口：16*/2=8cm，8+4（基础松量）=12cm。

（9）腰节高：160（号）/4−1=39cm（实际人体为160/4=40cm）。

（10）臀围高：2/3立裆（立裆为25.5～26cm）=17cm，17+40=57cm。

（11）袖窿吃势：根据袖型和面料的特性而定，设定为1.5cm。

（12）腋下省：根据女子乳房的高度而定，160/84A一般设定为2.5cm，直接制作，不能转移。

注：凡加"*"号的尺寸，为净尺寸。

以上尺寸是制作服装板型的必备数据，缺一不可，见表10-4、表10-5。

表10-4 旗袍成品尺寸 　　　　　　　　　　　　　　　　　单位：cm

尺寸 部位 号/型	衣长（L）	胸围（B）	腰围（W）	臀围（H）	肩宽（S）	领围（N）	袖长（SL）	袖口	腰节高	垫肩厚	袖窿吃势
160/84A	128	92	76	96	39	37	53	12	39	0.5	1.5

表10-5　主要部位比例分配尺寸　　　　　　　　单位：cm

序号	部位	比例公式	尺寸	序号	部位	比例公式	尺寸
①	衣长	L	128	③	后落肩	设定	17.5°
②	前落肩	设定	19°	④	后肩宽	$0.5S$	19.5
③	前袖窿深	$0.2B-1.5$	16.9	⑤	后背宽	$0.19B$	17.5
④	前领口宽	$0.2N-0.3$	7.1	⑥	后胸围	$0.25B-0.5$	22.5
⑤	前领口深	$0.2N$	7.4	⑦	后腰围	$0.25W-0.5+2$（省量）	20.5
⑥	前肩宽	$0.5S-0.5$	19	⑧	后臀围	$0.25H-0.5$	23.5
⑦	前胸宽	$0.18B$	16.6	①	袖长	SL	53
⑧	前胸围	$0.25B+0.5$	23.5	②	袖山高	0.29AH	—
⑨	前腰围	$0.25W+0.5+2.5$（省量）	22	③	前袖弦高	前 AH	—
⑩	前臀围	$0.25H+0.5$	24.5	④	后袖弦高	后 AH+0.3	—
①	后领口宽	$0.2N$	7.4	⑤	袖肥	$0.2B-0.6$	17.8
②	后领口深	1/3后领口宽	2.5	⑥	袖口	$0.1B+2.8$	12

二、旗袍制图

（1）采用第一节衬衫（胸围92cm）的母板作为旗袍的基础板，前、后落肩改角度，胸围线至冲肩线整体向上移动（改变落肩差）。袖窿、袖山没有变化，都可以用，如图10-5所示。

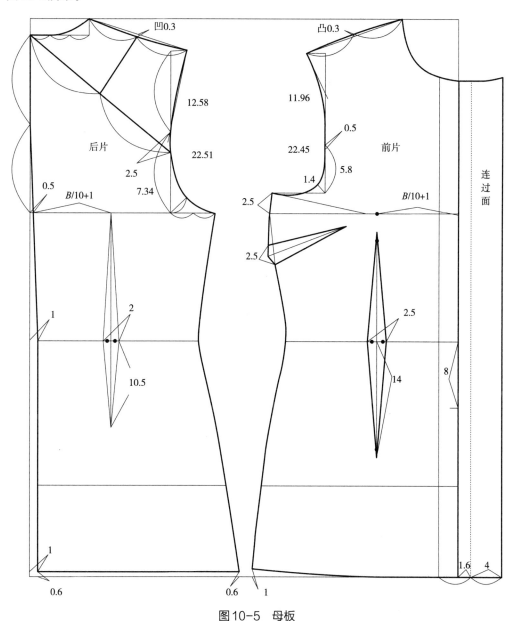

图10-5　母板

（2）衣片：下摆延长至128cm，下摆向内收紧一些，如图10-6所示。

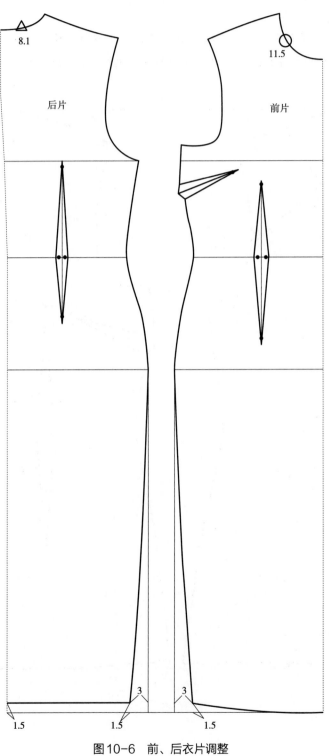

图10-6　前、后衣片调整

（3）前片：将前片做镜像，然后根据款式绘制旗袍大襟造型线，如图10-7所示。

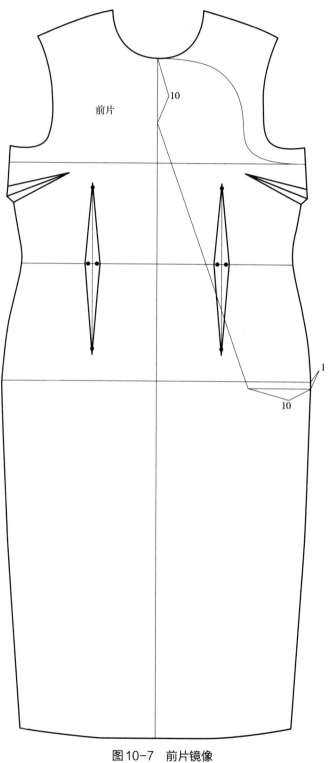

图10-7　前片镜像

（4）贴边：侧缝里贴3cm宽边。右侧贴通边，左侧贴边贴至开衩处，如图10-8所示。

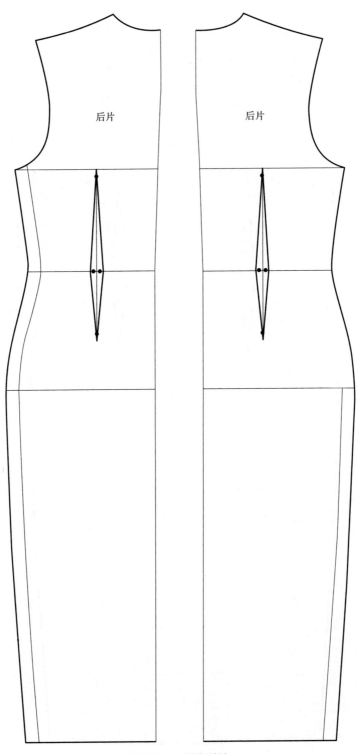

图10-8 制作贴边

（5）配领：将大襟移到一边，配领，如图10-9所示。

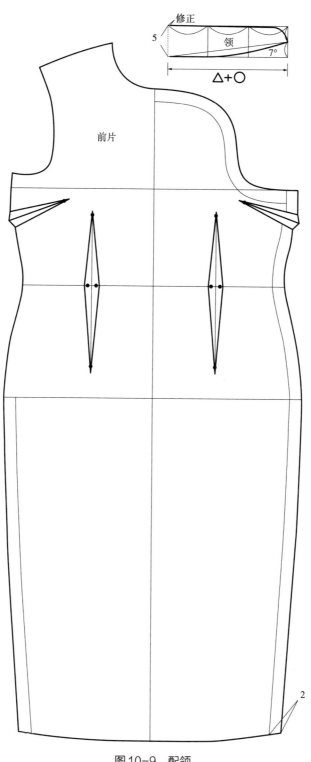

图10-9　配领

（6）复制附件：如图10-10所示。

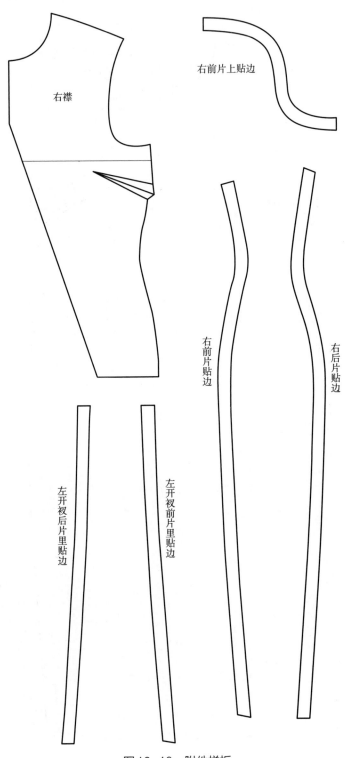

右襟

右前片上贴边

右前片贴边

右后片贴边

左开衩后片里贴边

左开衩前片里贴边

图10-10　附件样板

第三节　女式半袖连衣裙

一、尺寸设定

（1）衣长：一般为"号"（身高）的55%左右，160cm×55%=88cm，设定为88cm。

（2）胸围：84*+4（基础松量）=88cm，比较合体。

（3）腰围：68*+4（基础松量）=72cm，比较合体。

（4）臀围：90*+2（基础松量）=92cm，比较合体。

（5）肩宽：39.4*–1.4（收紧量）=38cm，比较合体。

（6）领围：33.6*+3.4（基础松量）=37cm，比较合体。

（7）袖长：18cm（随市场流行而定）。

（8）袖口宽：28*/2+2.7（基础松量）=16.7cm。

（9）腰节高：160（号）/4–1=39cm（实际人体为号/4=40cm）。

（10）臀围高：2/3立裆（立裆为25.5～26cm）=17cm，17+40=57cm。

（11）袖窿吃势：根据袖型和面料的特性而定，设定为1.5cm。

（12）腋下省：根据女子乳房的高度而定，160/84A一般设定为2.5cm，直接制作，不能转移。

注：凡加"*"号的尺寸，为净尺寸。

以上尺寸是制作服装板型的必备数据，缺一不可，见表10-6、表10-7。

表10-6　女式连衣裙（无弹）成品尺寸　　　　　　　　单位：cm

尺寸 号/型	衣长（L）	胸围（B）	腰围（W）	臀围（H）	肩宽（S）	领围（N）	袖长（SL）	袖口	腰节高	袖窿吃势
160/84A	88	88	72	92	38	37	18	16.7	39	1.5

表10-7 主要部位比例分配尺寸　　　　　　　　单位：cm

序号	部位	比例公式	尺寸	序号	部位	比例公式	尺寸
①	衣长	L	88	③	后落肩	设定	19.5°
②	前落肩	设定	21°	④	后肩宽	$0.5S$	19
③	前袖窿深	$0.2B-0.5$	17.1	⑤	后背宽	$0.19B$	16.7
④	前领口宽	$0.2N-0.3$	7.1	⑥	后胸围	$0.25B-0.5$	21.5
⑤	前领口深	$0.2N$	7.4	⑦	后腰围	$0.25W-0.5+2$（省量）	19.5
⑥	前肩宽	$0.5S-0.5$	18.5	⑧	后臀围	$0.25H-0.5$	22.5
⑦	前胸宽	$0.18B$	15.8	①	袖长	SL	18
⑧	前胸围	$0.25B+0.5$	22.5	②	袖山高	设定	14
⑨	前腰围	$0.25W+0.5+2.5$（省量）	21	③	前袖弦高	AH	—
⑩	前臀围	$0.25H+0.5$	23.5	④	后袖弦高	AH+0.3	—
①	后领口宽	$0.2N$	7.4	⑤	袖肥	$0.2B+1.3$	18.9
②	后领口深	后领口宽/3	2.5	⑥	袖口	臂围/2+2.7	16.7

二、半袖连衣裙制图

（1）前、后衣片制图：如图10-11所示。

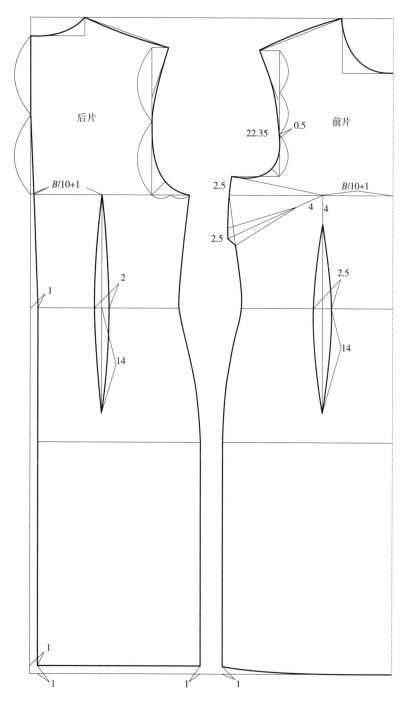

图10-11 前、后衣片制图

（2）前片：将左前片镜像出完整前片，如图10-12所示。

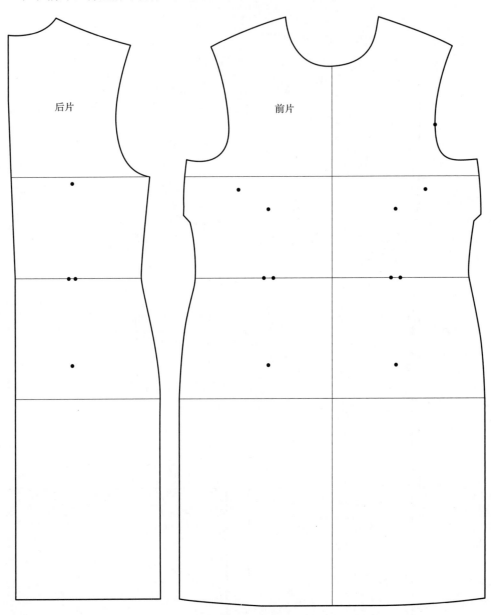

图10-12　前片镜像

（3）短袖：绘制一片袖，如图10-13所示。

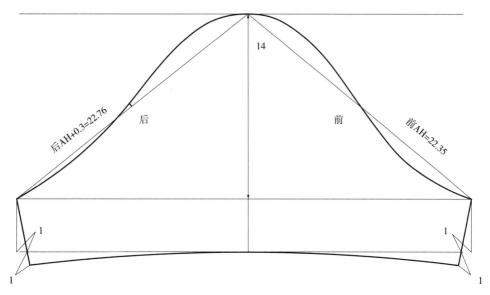

图10-13　片袖制图

第四节　女式唐装

一、尺寸设定

（1）衣长：一般为"号"（身高）的42%左右，即160×42%=67.2cm，设定为68cm。

（2）胸围：84*+8（基础松量）=92cm，比较合体。

（3）腰围：68*+8（基础松量）=76cm，比较合体。

（4）臀围：90*+6（基础松量）=96cm，比较合体。

（5）肩宽：39.4*-0.4（收紧量）=39cm，比较合体。

（6）领围：33.6*+3.4（基础松量）=37cm，比较合体。

（7）袖长：50.5*（全臂长）+3.5（随市场流行而定）=54cm。

（8）袖口：28*+4（基础松量）=32cm，32/2=16cm。

（9）腰节高：160（号）/4-1=39cm（实际人体为160/4=40cm）。

（10）臀围高：2/3立裆（立裆为25.5～26cm）=17cm，17+40=57cm。

（11）袖窿吃势：根据袖型和面料的特性而定，设定为1.8cm。

（12）腋下省：根据女子乳房的高度而定，160/84A一般设定为2.5cm，直接制作，不能转移。

注：凡加"*"号的尺寸，为净尺寸。

以上尺寸是制作服装板型的必备数据，缺一不可，见表10-8、表10-9。

表10-8　女喇叭袖唐装（盲省）成品尺寸　　　　　　　　　　　　单位：cm

尺寸 号/型　　部位	衣长（L）	胸围（B）	腰围（W）	臀围（H）	肩宽（S）	领围（N）	袖长（SL）	袖口	腰节高	袖窿吃势
160/84A	68	92	76	96	39	37	54	17.2	39	1.8

表10-9　主要部位比例分配尺寸　　　　　　　　　　　　单位：cm

序号	部位	比例公式	尺寸	序号	部位	比例公式	尺寸
①	衣长	L	68	③	后落肩	设定	19.5°
②	前落肩	设定	21°	④	后肩宽	$0.5S$	19.5
③	前袖窿深	$0.2B-1.5$	16.9	⑤	后背宽	$0.19B$	17.5
④	前领口宽	$0.2N-0.3$	7.1	⑥	后胸围	$0.25B-0.5$	22.5
⑤	前领口深	$0.2N$	7.4	⑦	后腰围	$0.25W-0.5+2$（省量）	20.5
⑥	前肩宽	$0.5S-0.5$	19	⑧	后臀围	$0.25H-1$	23
⑦	前胸宽	$0.18B$	16.6	①	袖长	$SL-5$	49
⑧	前胸围	$0.25B+0.5$	23.5	②	袖山高	设定	14
⑨	前腰围	$0.25W+0.5+2.5$（省量）	22	③	前袖弦高	前AH	—
⑩	前臀围	$0.25H+1$	25	④	后袖弦高	后AH+0.5	—
⑪	后领口宽	$0.2N$	7.4	⑤	袖肥	$0.2B-0.6$	17.8
⑫	后领口深	1/3后领口宽	2.5	⑥	袖口	$0.2B$	17.2

二、喇叭袖唐装制图

（1）衣片制图：使用第二节旗袍板样作为唐装的基础板，调整衣长至68cm。另外制作门襟，如图10-14所示。

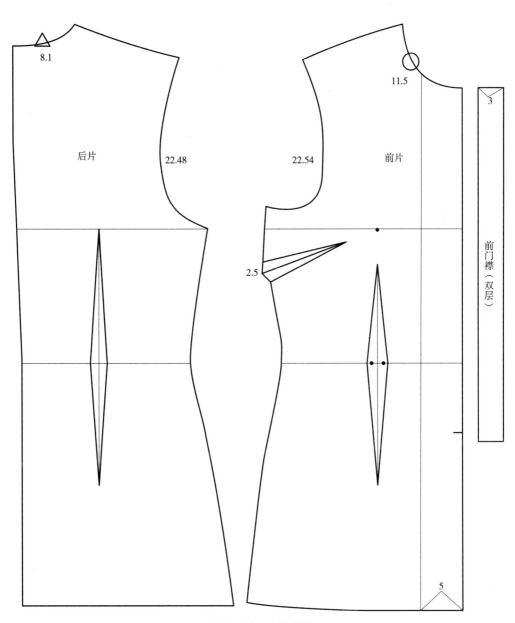

图10-14　衣片制图

（2）配袖、领：袖窿弧线没有变，袖山弧线也不用变，袖口两个角保证90°，袖肘线调整一下就行了。绘制领子、过面、纽扣定位板，如图10-15所示。

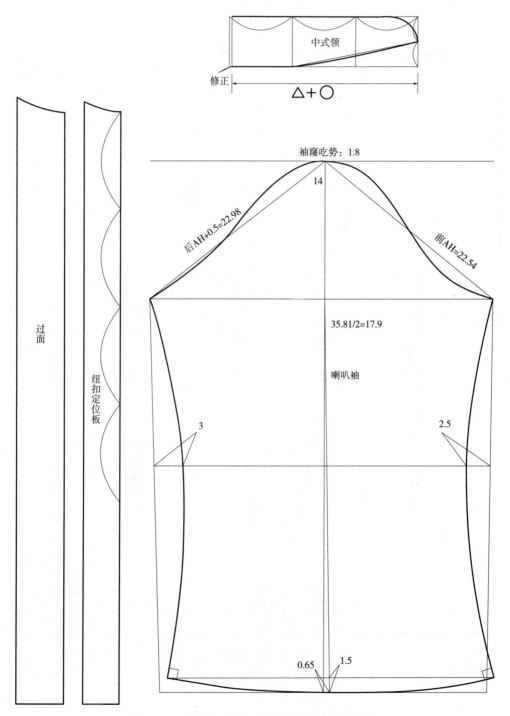

图10-15　袖子、领子、过面、纽扣定位板制图

第十一章 无省女装制图

第一节 女式三开身上衣

一、尺寸设定

（1）衣长：一般为"号"（身高）的42.5%左右，即 $160 \times 42.5\% = 68\text{cm}$，设定为68cm，看上去比较短小精悍。

（2）胸围：84*+10（基础松量）=94cm，合体。

（3）腰围：68*+10（基础松量）=78cm，合体。

（4）臀围：90*+6（基础松量）=96cm，合体。

（5）肩宽：39.4*-0.4（收紧量）=39cm。

（6）领围：33.6*+3.4（基础松量）=37cm，比较合体。

（7）腰节高：160（号）/4-1（提高腰节）=39cm，从而避免腰节以上面料堆积，腰节与衣长比例比较美观。

注：凡加"*"号的尺寸，为净尺寸。

以上尺寸是制作服装板型的必备数据，缺一不可，见表11-1、表11-2。

表11-1 女三开身上衣成品尺寸　　　　　　　　　　　　单位：cm

尺寸　　　部位 号/型	衣长 （L）	胸围 （B）	腰围 （W）	臀围 （H）	肩宽 （S）	领围 （N）	袖长 （SL）	袖口	腰节高	袖窿吃势	垫肩厚
160/84A	68	94	78	96	39	37	54	14	39	2.5	0.5

表11-2　主要部位比例分配尺寸　　　　　　　　　　　　　　单位：cm

序号	部位	比例公式	尺寸	序号	部位	比例公式	尺寸
①	撇胸	定寸	2	①	后领口宽	$0.2N$	7.4
②	前领口宽	$0.2N-0.3$	7.1	②	后领口深	1/3后领口宽	2.5
③	前领口深	$0.2N$	7.4	③	后落肩	设定	17.5°
④	前落肩	设定	19°	④	后肩宽	$0.5S$	19.5
⑤	前肩宽	$0.5S-0.5$	19	⑤	后背宽	$0.19B$	17.9
⑥	前袖窿深	$0.2B-0.5$	18.3	⑥	后胸围	$0.18B$	16.9
⑦	腰节高	号/4-1	39	⑦	后腰围	$0.2B-4.7$	14.1
⑧	臀围高	定寸	57	⑧	后臀围	$0.2B-2.7$	16.1
⑨	衣长	L	68	①	袖山高	前后袖窿深×5/6	15.6
⑩	前胸宽	$0.18B$	16.9	②	袖弦高	AH/2+0.3	22.75
⑪	前胸围	$0.32B+1.5$	31.6	③	袖肥	$0.2B-2.3$	16.5
⑫	前腰围	$0.35B-3.5$	29.4	④	袖肘线	SL/2+4	31
⑬	前臀围	$0.35B-1$	31.9	⑤	袖长	SL	54
⑭	袖窿翘	$0.05B$	4.7	⑥	袖口	$0.1B+4.6$	14

二、三开身上衣制图

（1）衣片制图：三开身衣片与四开身衣片相比较，主要是三围比例分配不同，口袋位向后一些（这个位置是标准的人体口袋位），四开身口袋位比较靠前，因为三开身衣片没有2.5cm的基础省，所以在设定肥瘦尺寸上要宽松一些，其他没有太大变化，如图11-1所示。

（2）两片袖制图：袖山高为袖窿深的5/6=15.6cm，AH=44.89/2=22.45cm，22.45+0.3=22.75cm，袖肥为16.5cm。其他制图方法不变，如图11-2所示。

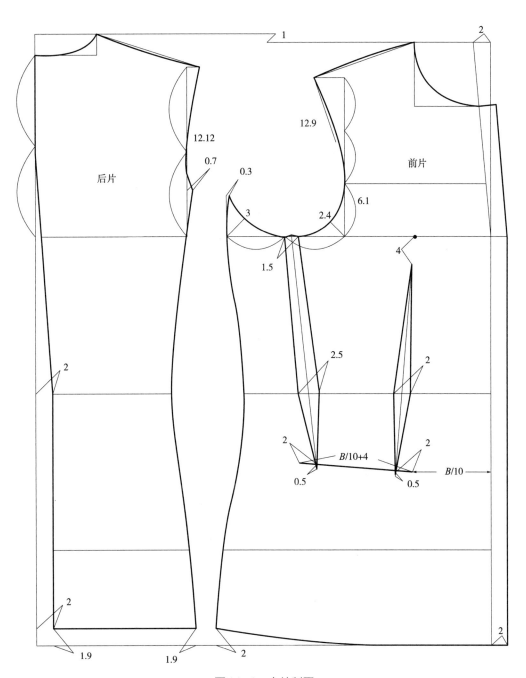

图11-1　衣片制图

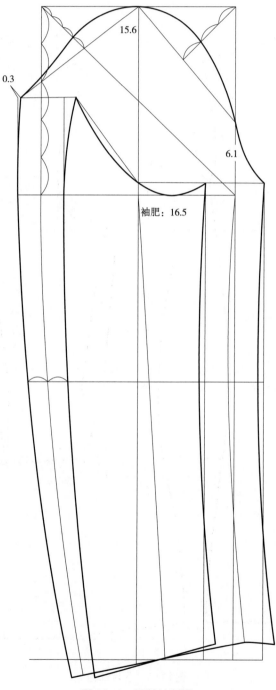

图11-2 两片袖制图

第二节　女式休闲羊绒中长大衣

一、尺寸设定

（1）衣长：一般为号（身高）的59%左右，即160×59%=94.4cm，设定为94cm。

（2）胸围：84*+26（基础松量）=110cm，合体。

（3）肩宽：39.4*−0.4（收紧量）=39cm。

（4）领围：33.6*+3.4（基础松量）=37cm，比较合体，扩大为42cm翻驳领。

（5）腰节高：160（号）/4=40cm。

注：凡加"*"号的尺寸，为净尺寸。

以上尺寸是制作服装板型的必备数据，缺一不可，见表11-3、表11-4。

表11-3　女休闲羊绒中长大衣成品尺寸　　　　　　　　单位：cm

尺寸 号/型	衣长（L）	胸围（B）	肩宽（S）	领围（N）	袖长（SL）	袖口	腰节高	袖窿吃势
160/84A	94	110	39	37	57	15	40	1

表11-4　主要部位比例分配尺寸　　　　　　　　单位：cm

序号	部位	比例公式	尺寸	序号	部位	比例公式	尺寸
①	前领口宽	$0.2N-0.3$	7.1+1	⑩	前借肩	款式设定	12
②	前领口深	$0.2N$	7.4+5	⑪	前袖山高	款式设定	5
③	前落肩	设定	21°	⑫	前袖肥	$0.2B-1+0.65$	21.65
④	前肩宽	$0.5S-0.5$	19	⑬	衣长	L	94
⑤	前袖窿深	款式设定	27	①	后领口宽	$0.2N$	7.4+1
⑥	前胸围	$0.25B+0.2$	27.7	②	后领口深	后领口宽/3	2.5
⑦	前袖角度	设定	17°	③	后落肩	设定	19.5°
⑧	前袖长	SL	57	④	后肩宽	$0.5S$	19.5
⑨	前袖口宽	袖口−0.65	14.35	⑤	后借肩	款式设定	12

续表

序号	部位	比例公式	尺寸	序号	部位	比例公式	尺寸
⑥	后胸围	$0.25B-0.2$	27.3	⑩	后袖山高	款式设定	5
⑦	后袖角度	设定	15.5°	⑪	后袖肥	$0.2B-1-0.65$	20.35
⑧	后袖口宽	袖口+0.65	15.65	⑫	腰节高	确定驳头纽扣位	40
⑨	袖借肩	款式设定	12				

二、休闲羊绒中长大衣制图

此款中长大衣是以插肩袖制图的方法，两次借袖所得，然后把前、后袖片合并成一片袖。在插肩袖制图时，利用前、后胸围尺寸比例的加减，来调节前、后袖窿弧线下面的吃势分配。

（1）前、后衣片制图：按插肩袖的制图方法制作前、后衣片，如图11-3所示。

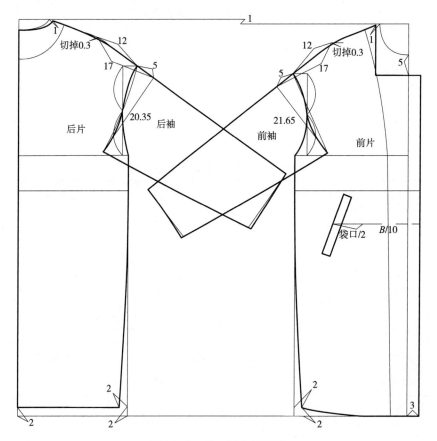

图11-3　前、后衣片制图

（2）配领、配袖：在前、后袖窿弧线下面配袖时，已经各自加放了0.25cm的吃势，上面弧线需要另行加放0.25cm袖窿吃势，加放方法如图11-4所示。

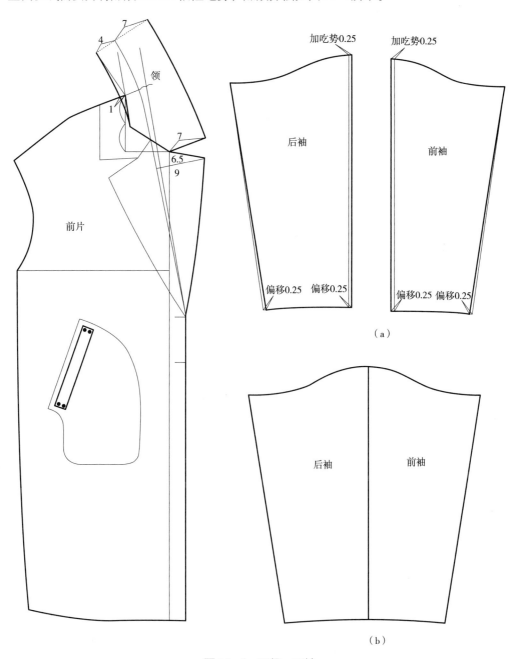

图11-4　配领、配袖

（3）衣片放缝：后中缝放缝份1.5cm（便于缉缝明线），前、后衣片底边放缝4cm，其他部位放缝1cm，如图11-5所示。

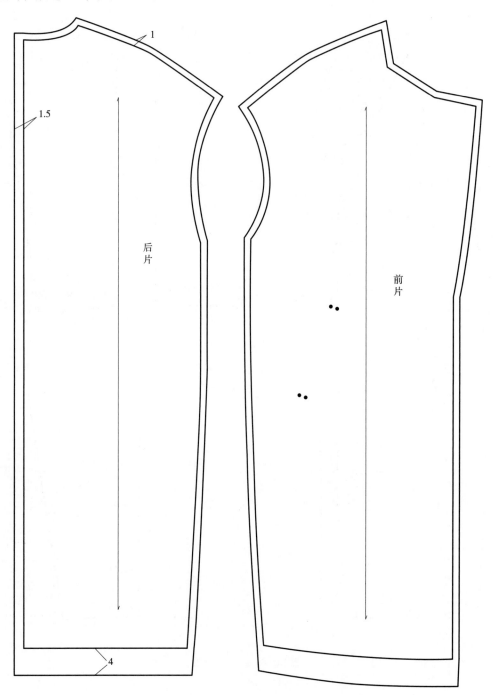

图11-5　衣片放缝

（4）其他部位放缝：袖口放缝4cm，过面底边放缝2cm，净板不放缝，其他部位放缝1cm，如图11-6所示。

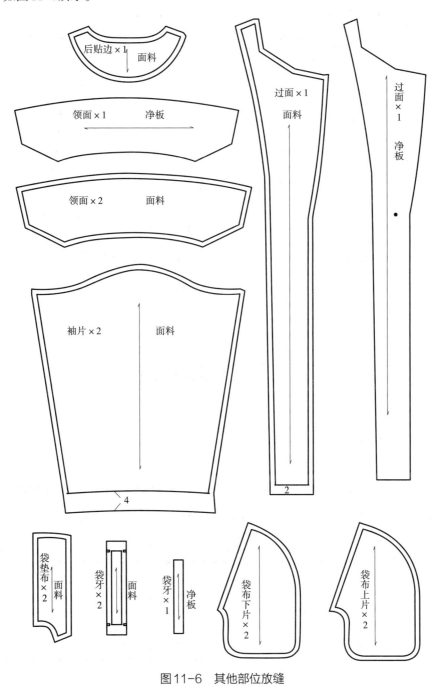

图11-6 其他部位放缝

（5）袖：一片袖改为两片袖，如图11-7所示。

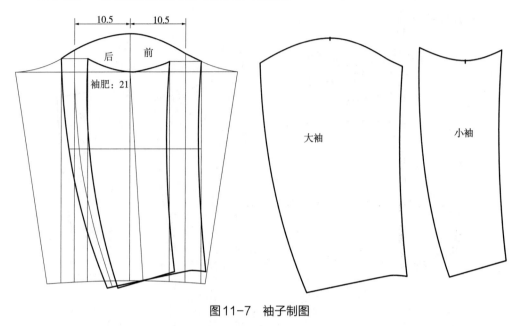

图11-7　袖子制图

第三节　女式短上衣

一、尺寸设定

本款是一件小披肩，无省道插肩式，前门可以制作成单扣或无扣款，制图简单，春秋季可套在无袖旗袍外面穿着，见表11-5、表11-6。

表11-5　女短上衣成品尺寸　　　　　　　单位：cm

尺寸 号/型	衣长 （L）	胸围 （B）	肩宽 （S）	领围 （N）	袖长 （SL）	袖口	腰节高
160/84A	38	92	39	37	50	11	39

表11-6　主要部位比例分配尺寸　　　　　　　　　　　　　　　单位：cm

序号	部位	比例公式	尺寸	序号	部位	比例公式	尺寸
①	前领口宽	$0.2N-0.3$	7.1	⑩	衣长	L	38
②	前领口深	$0.2N$	7.4	①	后领口宽	$0.2N$	7.4
③	前落肩	设定	21°	②	后领口深	1/3后领口宽	2.5
④	前肩宽	$0.5S-0.5$	19	③	后落肩	设定	19.5°
⑤	前袖窿深	$0.2B+2.5$	20.9	④	后肩宽	$0.5S$	19.5
⑥	前胸围	$0.25B-0.5$	22.5	⑤	后胸围	$0.25B+0.5$	23.5
⑦	前袖角度	设定	21°	⑥	后袖角度	设定	19.5°
⑧	前袖长	SL	50	⑦	后袖长	SL	50
⑨	前袖口	袖口-0.65	10.35	⑧	后袖口	袖口+0.65	11.65

二、短上衣制图

短上衣可以直接按表中的尺寸制图，如图11-8所示。

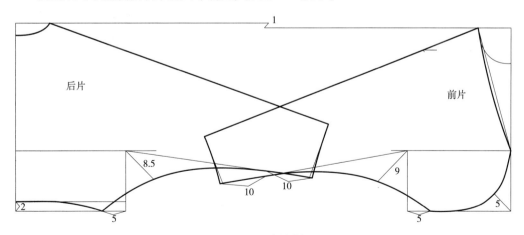

图11-8　衣片制图

第四节 女式连衣裙

一、尺寸设定

（1）衣长：一般为"号"（身高）的56%左右，即160×51%=89.6cm，可设定为90cm。

（2）胸围：84*−2（收紧量）=82cm，合体。

（3）腰围：68*+2（基础松量）=70cm，合体。

（4）臀围：90*−2（收紧量）=88cm，合体。

（5）肩宽：39.4*−3.4（收紧量）=36cm，可以适当小一些。

（6）领围：33.6*+3.4（基础松量）=37cm，比较合体。

（7）腰节高：160（号）/4=40cm，40−2（提高腰节）=38cm，避免腰节以上造成面料堆积，腰节与衣长比例比较美观。

注：凡加"*"号的尺寸，为净尺寸。

以上尺寸是制作服装板型的必备数据，缺一不可，见表11-7、表11-8。

表11-7　女式连衣裙成品尺寸　　　　　　　　　　　　　单位：cm

尺寸 号/型	衣长 （L）	胸围 （B）	腰围 （W）	臀围 （H）	肩宽 （S）	领围 （N）	袖长 （SL）	袖口	腰节高	袖窿吃势
160/84A	90	82	70	88	36	37	54	11	38	0

表11-8　主要部位比例分配尺寸　　　　　　　　　　　　单位：cm

序号	部位	比例公式	尺寸	序号	部位	比例公式	尺寸
①	衣长	L	90	④	前领口宽	0.2N−0.3+3	7.1
②	前落肩	设定	21°	⑤	前领口深	0.2N+2.5	7.4
③	前袖窿深	0.2B	16.4	⑥	前肩宽	0.5S−0.5	17.5

续表

序号	部位	比例公式	尺寸	序号	部位	比例公式	尺寸
⑦	前胸宽	$0.18B$	14.8	⑥	后胸围	$0.25B$	20.5
⑧	前胸围	$0.25B$	20.5	⑦	后腰围	$0.25W+2$（省量）	19.5
⑨	前腰围	$0.25W+2$（省量）	19.5	⑧	后臀围	$0.25H-0.5$	21.5
⑩	前臀围	$0.25H+0.5$	22.5	①	袖长	L	54
①	后领口宽	$0.2N+3$	7.4	②	袖山高	$0.299AH$	12.5
②	后领口深	后领口宽/3+1	2.5	③	袖弦高	$AH/2-0.7$	19.5
③	后落肩	设定	19.5°	④	袖肥	$0.2B-0.9$	15.5
④	后肩宽	$0.5S$	18	⑤	袖口	腕围/2+3	11
⑤	后背宽	$0.19B$	15.6	以上是两片袖数据			

二、连衣裙制图

（1）因为面料竖弹比较大，臀围线向上提高1.5cm，领子绲边（45°斜纱布条），如图11-9所示。

（2）一片袖制图，如图11-10所示。

（3）两片袖制图，如图11-11所示。

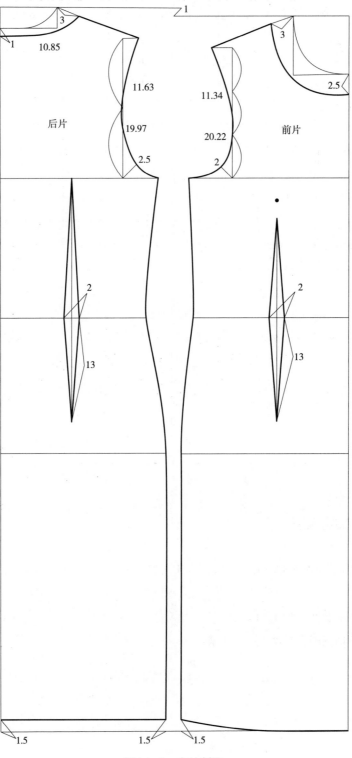

图11-9　衣片制图

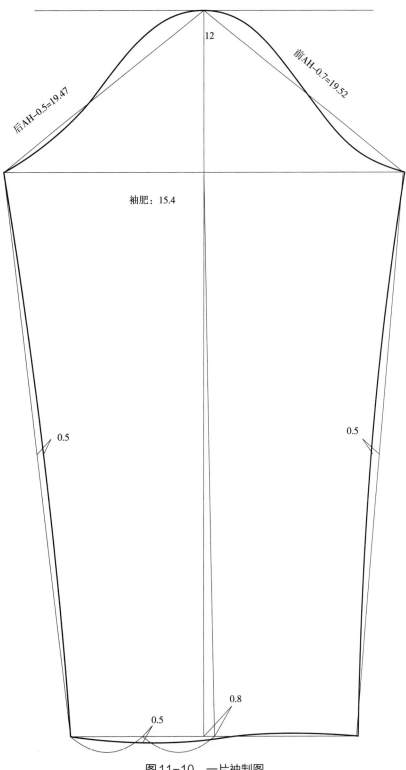

袖肥：15.4

后AH-0.5=19.47

前AH-0.7=19.52

12

0.5

0.5

0.8

0.5

图11-10 一片袖制图

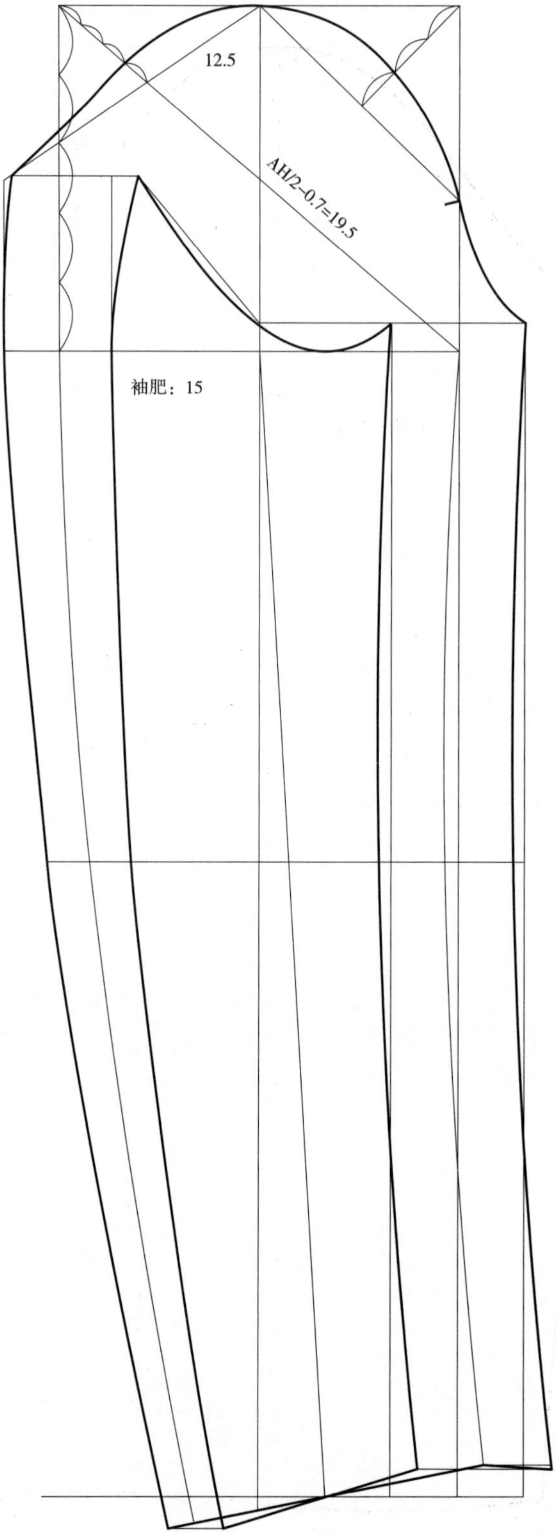

12.5

AH/2-0.7=19.5

袖肥：15

图 11-11　两片袖制图

第十二章 推板

在我国对于推板的叫法很多，不同的地区有着不同的叫法，如推号、推档、放码、扩号、放板等，在学习过程中为了便于沟通，称其为推板。推板就是在母板的基础上扩大或缩小的过程，按照每一个号型的档差数据，以十字坐标的交叉点为中心点，向四周平移均匀缩放。

推板细则：确定母板，按号推放，毛板作图，以点为主，十字坐标，平行移位，先画长短，后画宽窄，母板靠圆，分段画线，先推大号，后推小号，先连直线，后画圆弧，孔位平移，分均档差。

前面我们制作的板型都是女子160/84A的号型（即我国女子系列号型的中间号型），我们称为母板。在服装工业生产过程中，需要生产一系列的号型，如果每一个号型都单个制作的话，既费时又费工，但在母板的基础上使用推板的方法来制作，则可以节省时间，提高效率。

第一节 各号型系列推板档差数值

一、5·4系列推板档差数值

根据我国服装标准GB/T 1335.2—2008女子服装号型，以5·4系列、5·2系列数据为推板基础依据，从而制定各号型数值。以女子A体型5·4系列号型为例，见表12-1。

表12-1 女装5·4系列推板档差数据参考表　　　　　　　单位：cm

尺寸 部位　身高	150	155	160	165	170	档差
衣长	64	66	68	70	72	2

续表

尺寸部位＼身高	150	155	160	165	170	档差
腰节高	37	38	39	40	41	1
胸围	84	88	92	96	100	4
腰围	69	73	77	81	85	4
臀围	88	92	96	100	104	4
领围	36	37	38	39	40	1
肩宽	37	38	39	40	41	1
袖长	51	52.5	54	55.5	57	1.5
袖口	12.9	13.7	14.5	15.3	16.1	0.8

二、5·2系列推板档差数值

女子A体5·2系列女装推板，以点为主，坐标线上下左右不能动，以衣片设定中心点为轴心，按箭头方向，平行或垂直移位，四面推放。

注：5·2系列推板，纽扣板数据按照5·4系列的50%计算，见表12-2。

表12-2　女装5·2系列推板档差数据参考表　　　　　　单位：cm

尺寸部位＼号/型	150	155	160	165	170	档差
衣长	66	67	68	69	70	1
腰节	37.5	38.25	39	39.75	40.5	0.75
胸围	88	90	92	94	96	2
腰围	73	75	77	79	81	2
臀围	92	94	96	98	100	2
领围	37	37.5	38	38.5	39	0.5
肩宽	38	38.5	39	39.5	40	0.5
袖长	52.5	53.25	54	54.75	55.5	0.75
袖口	13.7	14.1	14.5	14.9	15.3	0.4

第二节 推板制图

一、衣片推板

女子A体型5·4系列女装推板，以点为主，坐标线上下左右均不能动，以衣片设定中心点为轴心，按箭头方向，平行或垂直移位，四面推放（图12-1）。

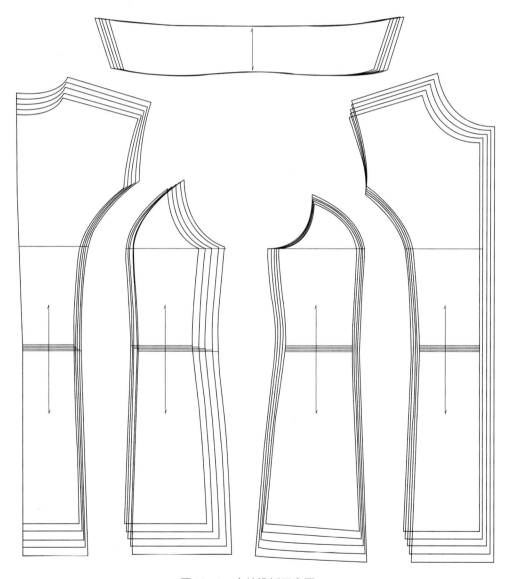

图12-1 衣片推板示意图

（1）四开身基础衣片推板数值，如图12-2所示。

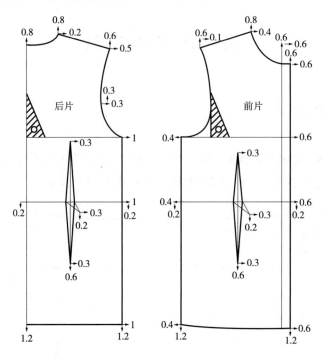

图12-2　四开身基础衣片推板

（2）四开身前后断肩衣片推板数值，如图12-3所示。

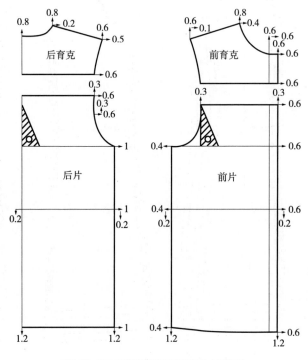

图12-3　四开身前后断肩衣片推板

（3）八开身刀背缝衣片推板数值，如图12-4所示。

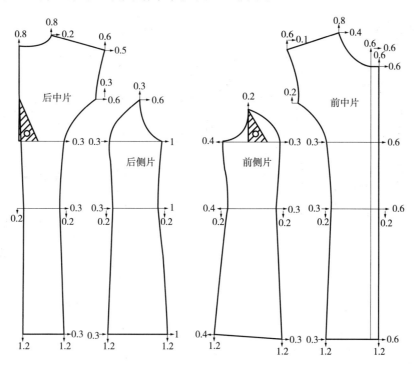

图12-4 八开身刀背缝衣片推板

（4）八开身通省衣片推板数值，如图12-5所示。

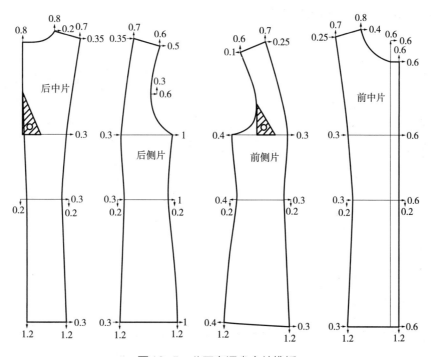

图12-5 八开身通省衣片推板

（5）四开身旗袍衣片推板数值，如图12-6所示。

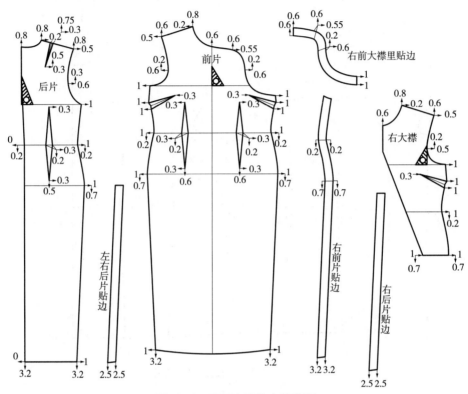

图12-6　四开身旗袍衣片推板

（6）三开身衣片推板数值，如图12-7所示。

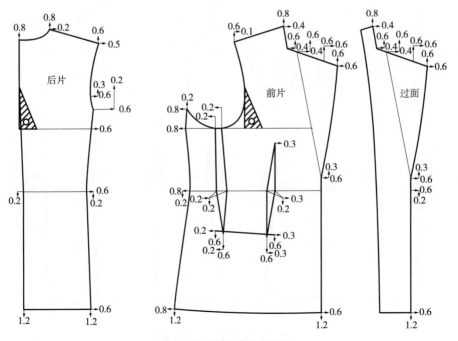

图12-7　三开身衣片推板

（7）四开身插肩袖衣片推板数值，如图12-8、图12-9所示。

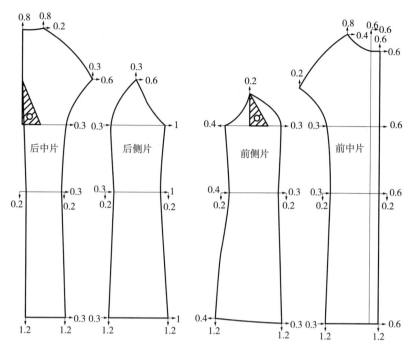

图12-8　四开身插肩袖衣片推板

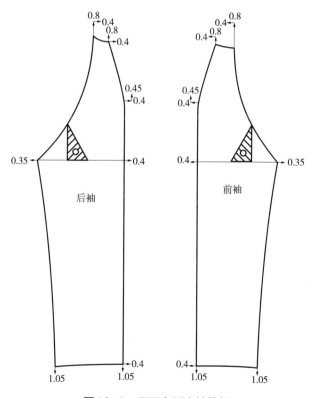

图12-9　四开身插肩袖推板

（8）插角套肩袖前、后衣片推板数值，如图12-10所示。

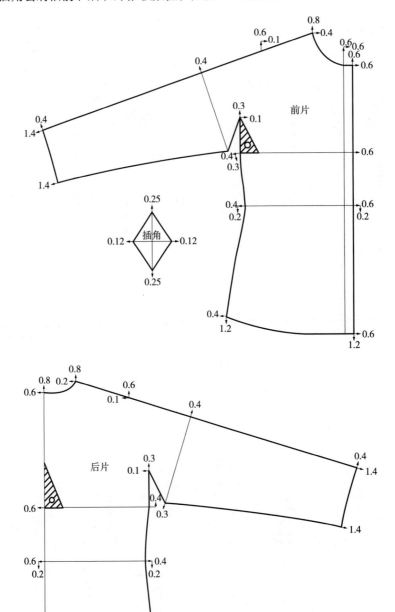

图12-10 插角套肩袖衣片推板

（9）插小袖套肩袖前、后衣片推板数值，如图12-11所示。

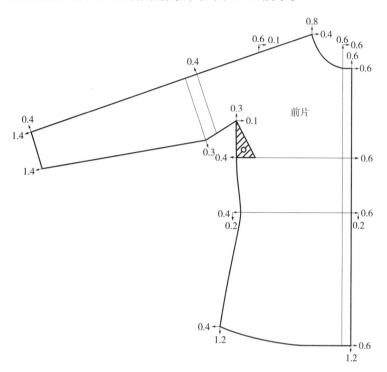

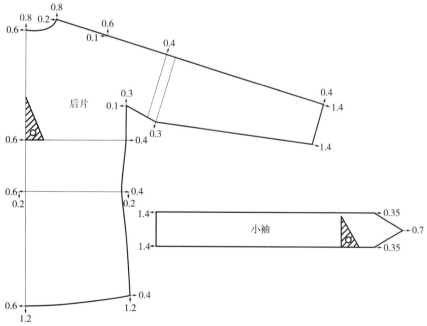

图12-11 插小袖套肩袖衣片推板

二、领子推板

西服翻领与方翻领推板数值，如图12-12所示。衬衫领推板数值，如图12-13所示。

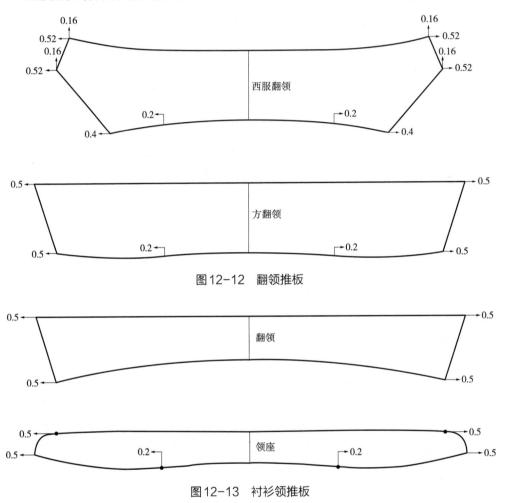

图12-12　翻领推板

图12-13　衬衫领推板

三、帽子推板

帽子推板数值，如图12-14所示。

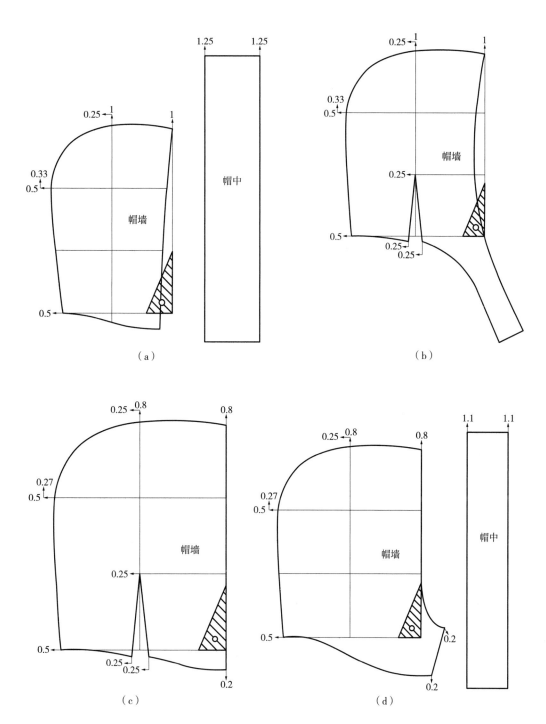

图 12-14 帽子推板

四、口袋推板

口袋推板数值，如图12-15所示。

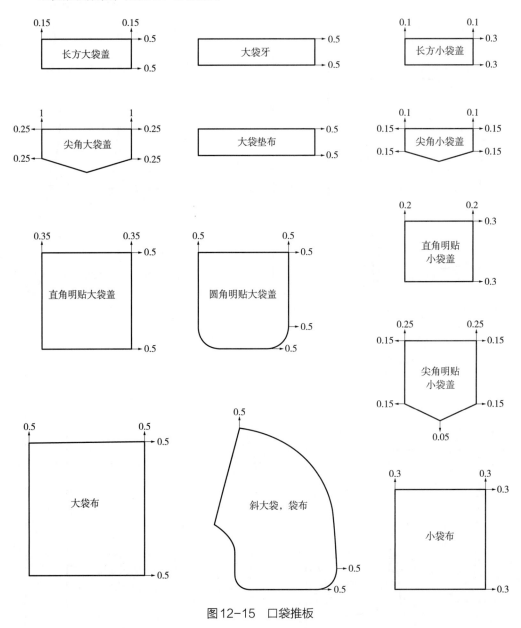

图12-15　口袋推板

五、袖子推板

（1）一片袖推板数值，如图12-16所示。

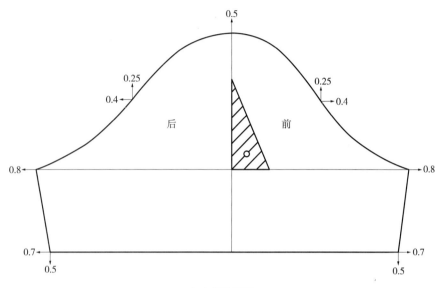

（a）半袖推板

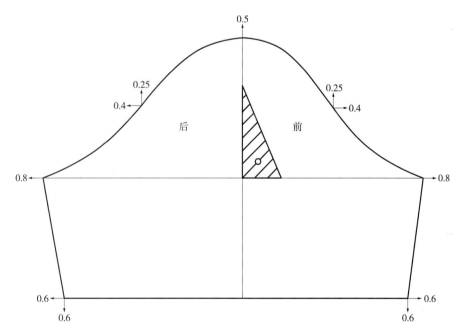

（b）长半袖推板

图12-16

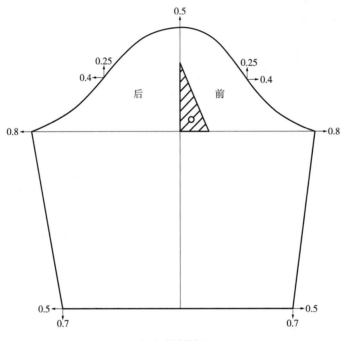

（c）中袖推板

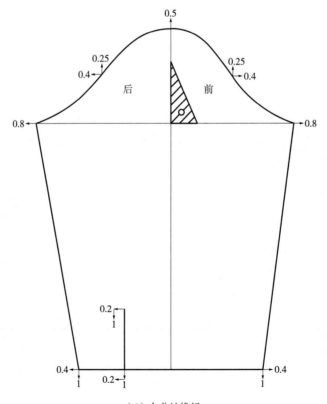

（d）九分袖推板

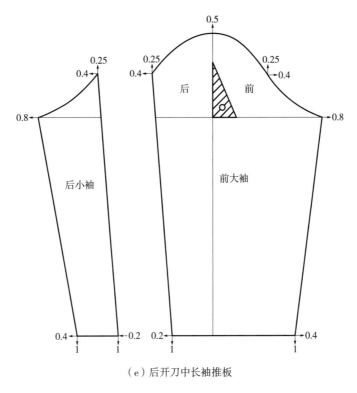

（e）后开刀中长袖推板

图12-16　一片袖推板

（2）两片袖推板数值，如图12-17所示。

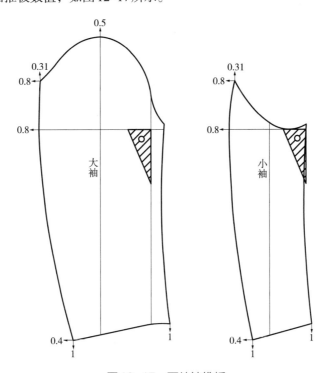

图12-17　两片袖推板

六、纽扣定位板推板

（1）两眼、三眼、四眼纽扣定位板推板数值，如图12-18所示。

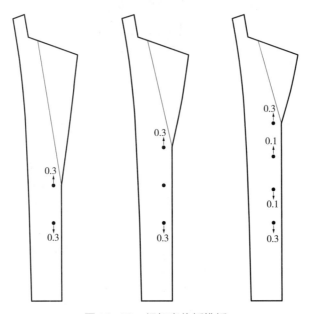

图12-18　纽扣定位板推板

（2）五眼、六眼纽扣定位板推板数值，如图12-19所示。

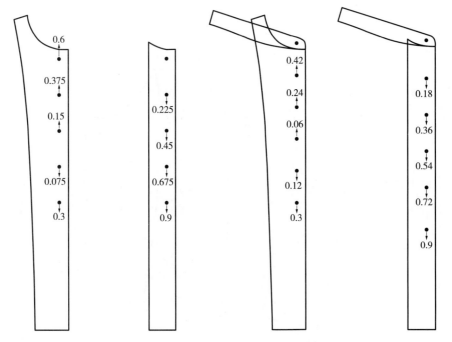

图12-19　五眼、六眼纽扣定位板推板

（3）七眼纽扣定位板推板数值，如图12-20所示。

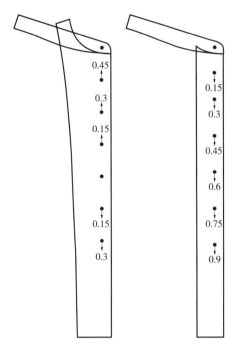

图12-20　七眼纽扣定位板推板

第十三章　仿板与工艺单的制作

第一节　仿制样衣的尺寸测量与结构分析

一、仿制样衣的尺寸测量

仿制样衣是根据预先已经提供的样衣进行仿制。仿板主要在于测量尺寸，测量尺寸的准确度直接影响板型的质量。测量样衣的方法如下。

（1）衣长：将样衣在案板上放平，从肩线与领底交点量至底边。

（2）袖长：从袖口线直量至肩点。

（3）领长：从左领串口点平行量至右领串口点。

（4）袖口宽：二分之一袖口围。

（5）1/2胸围：从左袖窿腋下点平行测量至右袖窿腋下点。

（6）1/2腰围：从肩线与领底交点向下量至39cm处，再从左腰节点平行测量至右腰节点。

（7）1/2臀围：从肩线与领底交点向下量至48cm处，再从左臀围点平行测量至右臀围点。

（8）1/2下摆围：从底边左侧平行测量至底边右侧。

（9）前胸宽：从前左袖窿下三分之一处平行测量至前右袖窿下三分之一处。

（10）后背宽：从后左袖窿二分之一向下2.5cm处平行测量至右袖窿二分之一向下2.5cm处。

（11）肩宽：从左肩端点平行测量至右肩端点。

（12）服饰附件可以直接测量，且直接添加在板上即可。

若仅提供了一张样衣照片或截屏图，在没有样衣的前提下，可以使用我们的基础板，将照片上的款式按照比例复制上去就可以了。

二、样衣的结构分析

将测量样衣所得的数据与基础数据进行对比，样衣的毛病就可以一目了然了。这时可以向企业主管进行反映，是否需要修改制板数据。如果反馈信息不需要更改，则可以直接制板。

（1）胸围、腰围、臀围的比例加减量要分析清楚（肥瘦比例直接影响板型的效果）。

（2）前、后、侧面的省量比例分析清楚。

（3）确认款式属于有省还是无省，如果是通省款式，腋下基础省是否转移，转移到何处，必须分析清楚。

第二节　生产工艺单的制作

一、生产工艺单内容

（一）基本信息

（1）款号：即服装企业设计服装款式时，设定的编号，如5006、8009等（由制板师填写）。

（2）实际裁剪总数：指裁剪房实际裁剪的每一批次服装件数的总数（由裁剪工填写）。

（3）原辅材料、数量、规格：指为材料库管理员提供的配料数据（由工艺师填写）。

（4）尺寸单：填写每个号型的实际成品尺寸，以便质检人员检测成品服装，为检测人员提供科学、合理、准确的服装测量依据（由制板师填写）。

（5）裁剪数、加工数、包装数：为后道工序提供准确的包装数据（裁剪工填写）。

（二）缝纫注意事项

（1）针距以每3cm为测量单位：平缝机针号14#、平缝针距15针、锁边针距13针、商标针距13针、明丝线针距必须控制在9～10针（因为超过10针，丝线就看不到亮光了，而低于9针，则针迹过大）。

（2）缝份：除特殊部位外，缝份均为1cm。注：腰口面里面必须绱0.5cm宽牵条。

（3）缉明线位置：腰头上、下0.1～0.6cm，前袋口0.1～0.6cm，后袋口1.5cm，后袋周边0.1～0.6cm，侧缝、脚口、前门襟0.1～0.6cm，前育克、后育克0.1～0.6cm，后裆

0.1~0.6cm。

（4）粘衬：腰头面粘横非织造衬、腰头里粘衬（有衬填写有，无衬填写无），单双门襟、前袋口、后袋口粘竖非织造衬。

（5）链机（单针链式包缝机）包条部位：腰头里下口、单双门襟、前后裆、前袋、后袋。

（6）褶省倒向：前褶省倒向前中缝，后褶省倒向后裆缝，左右对称。

（7）打结：前门襟结长0.8cm、前门襟定位结长0.8cm。

（8）主商标、水洗标部位：应钉在裤右后片腰头里中间。

（9）丝吊带部位：腰头里两侧下。

（10）拉链部位：前门襟（钉钩）、前片、后片、前袋、后袋、侧袋。

（三）裁剪注意事项

（1）先做一条样裤，合格后再裁剪成批生产，样裤与原样如有出入，请及时修改样板。

（2）裁剪前必须检查裤样板是否短码或零料是否齐，如样板数量不对，绝对不能裁剪生产。

（3）注意面料的正、反面，检查面料色差、条纹、格纹、花色、疵点、倒顺毛等。

（四）包装注意事项

将所有部位线头处理干净，熨烫平整，无光亮及整烫印迹，每件成品检验合格后再包装。

（五）其他

（1）为了确保生产质量安全，每个部门的责任人都要签字，包括制板师、工艺员、技术主管、生产厂长等。

（2）在工艺单的效果图处绘制效果图。最后填写填单日期。

注：如果有些内容工艺单上写不下，可以另拿一张纸填写，然后将它订在工艺单上即可，工艺单见表13-1。

表13-1 女装生产工艺单

款号：　　　　实际裁剪总数：

年　　月　　日　　　　　　　　　　单位：cm

原辅材料	数量	规格	尺寸型 部位	7	9	11	13	15	17	19	21		工艺员	技术主管	生产厂长	尺寸公差 ±1	面料编号	板号	裤型
面料			腰围														效果图		
里料			臀围																
袋布			裤长																
织造布			横档																
非织造布			中档																
主商标			脚口																
水洗标			立档																
丝吊带			下档长																
腰牵条			前档大																
吊牌			后档大																
塑料袋			门襟																
纽扣																			
拉链			裁剪数																
粘钻			加工数																
			包装数								班长签字								

缝纫注意事项：

1. 针距每3cm：平缝机针号（　）#，平缝针距（　）针，锁边针距（　）针，商标针距（　）针，明丝线针距（9~10）针。 注：腰口面底面必须编0.5cm宽牵条

2. 除特殊部位外，缝份均为1cm。缝份线位置：腰头上、下（　），前袋口（　），侧袋口（　），脚口（　），前育克（　），后育克（　）

3. 绱明线位置：腰头上、下（　）cm

4. 粘衬部位：腰头面粘横非织造衬，腰头里粘造衬（　）衬，单双门襟（　），前袋后档，后袋位粘竖非织造衬

5. 链机包条部位：前袋后档，前袋

6. 褶省倒向：前褶省倒向前中缝，后褶省倒向后档缝（左右对称）

7. 打结：前门襟明结长0.8cm，前门襟倒向暗定位腰头里中间

8. 主商标、水洗标位：腰头里两侧中间

9. 丝吊带：应钉在裤后片后腰中间

10. 拉链部位：前门（　），前袋（　），后片（　），前袋（　），后袋（　），侧袋（　）

裁剪：

1. 先做一条样裤，合格后再成批生产，样裤与原样如有出入，请及时修改样板

2. 裁剪前必须检查样板是否齐码或零料是否不对，如样板数量不对，绝对不能裁剪生产

制单人：　　　　　　　　联系电话：

二、裁剪统计明细表

裁剪统计明细表见表13-2。

表13-2 裁剪统计明细表

月	日	板号	面料名称	面料编号	出库米数	实裁米数	幅宽	单耗	实裁数	零条	合计	布头	备注（年 月 日）

三、班组工时记账单

班组工时记账单见表13-3。

表13-3　班组工时记账单

年　　月　　日

款号：		裁剪总数：		本班组加工数量：				单位：　元	
月	日	组别	姓　名	工序名称	件数	单价	金额	合计	备　注

参考文献

［1］纺织工业科学技术发展中心. 中国纺织标准汇编·服装卷［S］. 2版. 北京：中国标准出版社，2011.

［2］戴鸿. 服装号型标准及其应用［M］. 3版. 北京：中国纺织出版社，2009.

［3］日本文化服装学院，文化女子大学. 文化服装讲座［M］. 北京：中国展望出版社，1981.